高等职业教育基础课程教材
GAODENG ZHIYE JIAOYU JICHU KECHENG JIAOCAI

高等数学基础（上）

GAODENG SHUXUE JICHU （第2版）

◆主 编 余 英 南晓雪
◆副主编 梁修惠 陈虹燕 周 涛
◆参 编 李 可 徐 敏 周 敏 蒲秀琴 管 哲
　　　　 蔡 园 梁修书 张红易 朱圣陵 高维彬
◆主 审 何光辉

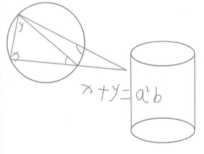

重庆大学出版社

内容提要

《高等数学基础》分为上、下两册,按照模块化的教学方式编写.本书为上册,分为 4 个模块共 10 章内容——函数、函数的极限、函数的连续性、函数的导数、函数的微分、导数的应用、不定积分、定积分、定积分的应用、常微分方程.书中每一节均有一定量的随堂练习,每个模块配有综合练习题.部分选学及扩展内容通过二维码以数学资源形式呈现,与本书配套使用的《高等数学习题册》(上)也同步出版,以供学习者巩固所学知识.

本书可供三年制高职高专工科类各专业教学使用,也可供高职专科层次的各类成人教育学校选用,同时也可作为"专升本"教材或参考书.

图书在版编目(CIP)数据

高等数学基础.上 / 余英,南晓雪主编. -- 2 版
. -- 重庆:重庆大学出版社,2024.1
高等职业教育基础课程教材
ISBN 978-7-5689-1740-7

Ⅰ.①高… Ⅱ.①余… ②南… Ⅲ.①高等数学—高等职业教育—教材 Ⅳ.①O13

中国国家版本馆 CIP 数据核字(2023)第 234158 号

高等职业教育基础课程教材
高等数学基础(上)
(第 2 版)
主 编 余 英 南晓雪
副主编 梁修惠 陈虹燕 周 涛
主 审 何光辉
责任编辑:范春青 版式设计:范春青
责任校对:关德强 责任印制:赵 晟

*

重庆大学出版社出版发行
出版人:陈晓阳
社址:重庆市沙坪坝区大学城西路 21 号
邮编:401131
电话:(023) 88617190 88617185(中小学)
传真:(023) 88617186 88617166
网址:http://www.cqup.com.cn
邮箱:fxk@ cqup.com.cn(营销中心)
全国新华书店经销
重庆永驰印务有限公司印刷

*

开本:787mm×1092mm 1/16 印张:12 字数:283 千
2019 年 8 月第 1 版 2024 年 1 月第 2 版 2024 年 1 月第 8 次印刷
印数:43 601—47 000
ISBN 978-7-5689-1740-7 定价:36.00 元

前　言（第2版）

党的二十大报告提出"加强基础学科、新兴学科、交叉学科建设". 高等数学的理论基础、思想方法不仅是学生学习后继课程的基本工具，也是培养学生逻辑思维能力和创造能力的重要途径，在为社会培养高素质技术技能人才方面发挥着不可替代的作用.

为了适应高等职业教育人才培养要求，结合教育部制定的《高职高专教育专业人才培养目标及规格》和《高职高专教育高等数学课程教学基本要求》，编写组组织了多年从事高等数学课程教学的一线教师，结合长期教学实践的经验和感悟，针对当前高职高专学生的实际情况，编写了这套新形态教材.

本书的主要特点如下：

一是，优化编排，难度适中. 本教材以模块的形式进行编排，注重高等数学与初等数学的衔接，在渐进式的思维与推理模式下，尽可能地借助客观实例与几何图形来阐述数学概念与原理. 考虑到当前高职学生的多样性与差异性，书中略去了一些不必要的逻辑推导和理论证明，学有余力的同学可扫描相应位置的二维码进行自学.

二是，习题丰富，适于自学. 本书每节之后都配有练习题，每节后的习题与该节内容匹配，用以帮助学生理解和巩固基本知识，同时，在习题的编排上注重层次感和完整性，难易相宜，以满足不同要求. 每个模块后的测试题在题型上更为多样，且难度略高于每节后的基础习题，帮助学生及时检查学习效果，查缺补漏. 另外，本教材将部分专升本真题编排在下册附录中，以供有意向专升本的同学使用.

三是，培养能力，提升素质. 为体现高等教育"以就业为导向""以培养高素质技术技能人才为目标"的要求，书中数学概念的引入均从实际问题入手，遵循从感性到理性的认知规律，同时也为下一步理论在实际中的应用推出范例；例题、习题的选择，尽量落实"以应用为目的"的原则，并尽可能地向高职高专各专业教学内容渗透，增加数学应用的深度和广度;将数学建模的实例穿插在教材中,用以提高学生应用数学的兴趣和能力,提升学生的数学素养.

本书由重庆航天职业技术学院余英、重庆工程职业技术学院南晓雪担任主编;重庆航天职业技术学院梁修惠、周涛,重庆工程职业技术学院陈虹燕担任副主编;重庆大学何光辉教授担任主审.

具体编写分工如下:模块 1 第 1 章由重庆工程职业技术学院李可、徐敏编写,第 2 章由重庆工程职业技术学院陈虹燕编写,第 3 章由重庆工程职业技术学院南晓雪编写;模块 2 第 4 章由重庆工程职业技术学院周敏、蒲秀琴编写,第 5 章由重庆工程职业技术学院管哲编写,第 6 章由重庆航天职业技术学院余英、梁修惠编写;模块 3 第 7 章由重庆航天职业技术学院周涛编写,第 8 章由重庆航天职业技术学院蔡园、梁修书编写,第 9 章由重庆航天职业技术学院梁修惠、张红易编写;模块 4 由重庆航天职业技术学院朱圣陵、高维彬编写.

本教材在编写过程中得到了重庆市数学学会高职高专委员会的指导和多所高职院校领导及教师的大力支持和帮助,在此表示衷心的感谢.

由于编者水平有限,书中难免会有错漏之处,敬请批评指正.

本书编写组

2023 年 11 月

前　言（第1版）

高等数学的理论基础、思想方法不仅是学生学习后继课程的基本工具，也是培养学生逻辑思维能力和创造能力的重要途径，在为社会培养高素质技能型人才方面发挥着不可替代的作用.

为了适应新的高职高专教育人才培养要求，结合教育部制定的《高职高专教育专业人才培养目标及规格》和《高职高专教育高等数学课程教学基本要求》，本书编写组组织了多年从事高等数学课程教学的一线教师，结合长期教学实践的经验和感悟，针对当前高职高专学生的实际情况，编写了本教材.

本套教材分上、下两册。上册包含极限与连续、一元函数微分学、一元函数积分学与微分方程等模块；下册包含多元函数微积分学、级数与变换、线性代数、概率论和数理统计等模块. 本教材配套的练习册同步出版.

本书的主要特点如下：

一是，优化编排，难度适中. 本教材以模块的形式进行编排，注重高等数学与初等数学的衔接，在渐进式的思维与推理模式下，尽可能地借助客观实例与几何图形来阐述数学概念与原理. 考虑到现在高职学生的多样性与差异性，书中略去了一些不必要的逻辑推导和理论证明，学有余力的同学可扫描相应位置的二维码进行自学.

二是，习题丰富，助于自学. 本书每节之后都配有练习题，每节后的习题与该节内容匹配，用以帮助学生理解和巩固基本知识，同时，在习题的编排上注重层次感和完整性，难易相宜，以满足不同要求. 每个模块后的测试题在题型上更为多样，且难度略高于每节后的基础习题，帮助学生及时检查学习效果，查缺补漏. 另外，本教材将部分专升本真题编排在下册附录中，以供有意向专升本的同学使用.

三是，培养能力，提升素质. 为体现高等教育"以就业为导向""以培养技能型人才为目标"的要求，书中数学概念的引入均从实际问题入手，遵循从感性到理性的认知规律,同时也为下一步理论在实际中的应用推出范例;例题、习题的选择,尽量落实以应用为目的的原则,并尽可能地向高职高专各专业教学内容渗透,增加数学应用的深度和广度;将数学建模的实例穿插在教材中,用以提高学生应用数学的兴趣和能力,提升学生的数学素养.

本套教材是由重庆各高职院校联合编写.上册由重庆航天职业技术学院余英、重庆工程职业技术学院南晓雪担任主编,重庆航天职业技术学院梁修惠、重庆建筑工程职业学院洪川、重庆工程职业技术学院蒲秀琴任副主编.

具体编写分工如下:模块1由重庆工业职业技术学院李倩(第1章)、刘双(第2章)、李坤琼(第3章)编写;模块2的第4章和第5章由重庆工程职业技术学院南晓雪、蒲秀琴编写,第6章由重庆航天职业技术学院余英、梁修惠编写;模块3的第7章由重庆建筑工程职业学院蒋燕、洪川、杨威编写,第8章和第9章由重庆航天职业技术学院杨俊编写;模块4由重庆工业职业技术学院熊斌编写.

本教材在编写过程中得到了重庆市数学学会高职高专专委会的指导,得到了在渝主要高职高专院校领导及教师的大力支持和帮助,在此表示衷心的感谢.

由于编者水平有限,书中可能会有错漏之处,敬请广大读者朋友、同行批评指正.

本书编写组
2019 年 5 月

目　录

模块 1　函数、极限与连续

模块 2　微分学

模块 3　积分学

模块 4　微分方程

附录

模块 **1**

函数、极限与连续

第1章 函数

在千变万化的自然界和错综复杂的人类社会,各种事物和现象之间无不存在着千丝万缕的联系,人们都辩证地意识到:变是绝对的,不变是相对的. 纵观数学的发展历史,函数是侧重于分析、研究事物运动、变化过程的数量特征、数量关系,并揭示其量变的规律性的有力工具. 函数是近代数学的基本概念之一,是微积分研究的基本对象.

本章我们将在中学数学函数的基础上进一步理解基本初等函数的概念,复合函数的概念,学会复合函数的分解,为进一步学习微积分及其应用打下基础.

1.1 函数的概念

1.1.1 函数的概念

1)区间与邻域

(1)区间:介于两个实数 a,b 之间的所有实数的集合,包括开区间、闭区间和半开半闭区间.

开区间 $(a,b)=\{x \mid a<x<b\}$;

闭区间 $[a,b]=\{x \mid a\leqslant x\leqslant b\}$;

左开右闭区间 $(a,b]=\{x \mid a<x\leqslant b\}$;

左闭右开区间 $[a,b)=\{x \mid a\leqslant x<b\}$.

区间按其长度分为有限区间和无限区间.

若 a 和 b 均为有限的常数,则区间 $[a,b]$,(a,b),$[a,b)$,$(a,b]$ 均为有限区间;而 $(-\infty,b]$,$[a,+\infty)$,$(-\infty,b)$,$(a,+\infty)$,$(-\infty,+\infty)$ 均为无限区间.

(2)邻域:设 x_0 为一实数,δ 为一正实数,则包含 x_0 点的集合 $\{x \mid |x-x_0|<\delta\}$ 称为点 x_0 的 δ 实心邻域,δ 称为邻域半径,记为 $\cup(x_0,\delta)$,即 $\cup(x_0,\delta)=(x_0-\delta,x_0+\delta)$. 不包含 x_0 点的集合 $\{x \mid 0<|x-x_0|<\delta\}$ 称为点 x_0 的空心或去心邻域,记为 $\overset{\circ}{\cup}(x_0,\delta)$,即

$$\overset{\circ}{\cup}(x_0,\delta)=(x_0-\delta,x_0)\cup(x_0,x_0+\delta)$$

在几何上,$\cup(x_0,\delta)$ 表示以 x_0 为中心的开区间 $(x_0-\delta,x_0+\delta)$. 其区间长度为 2δ,如图 1.1 所示.

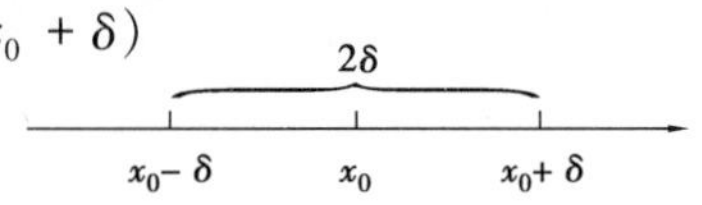

图 1.1

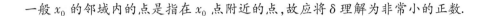

注　意

一般 x_0 的邻域内的点是指在 x_0 点附近的点,故应将 δ 理解为非常小的正数.

2)函数的定义

引例1 观察声音传播的距离公式 $s=340t$,它有 t 和 s 两个变量,知道时间 t,按照公式 $s=340t$ 就可算出一个对应的距离 s,我们把距离 s 称为时间 t 的函数.

引例2 以 r 为半径的圆,其面积公式为:$s=\pi r^2(r>0)$,其中 π 为常量,r 为变量,并且 r 每取定一个值,通过关系式 $s=\pi r^2$ 都有确定的面积 s 与之对应,这种关系就是下面给出的函数关系.

定义1.1 设有两个变量 x 和 y,若当变量 x 在非空数集 D 内任取一值时,通过一个对应法则 f 总有唯一确定的 y 值与之对应,则称变量 y 是变量 x 的函数,记为

$$y=f(x)\quad(x\in D)$$

式中,x 称为自变量,y 称为因变量或函数,非空数集 D 称为函数的定义域. 相对应的函数值的集合称为函数的值域.

函数值:任取 $x_0\in D$,函数 $y=f(x)$ 与之对应的数值 y_0 称为 $y=f(x)$ 在 x_0 处的函数值,记为

$$y_0=f(x_0)\quad 或\quad y\big|_{x=x_0}$$

例如,函数 $y=2x+1$ 的定义域 $D=(-\infty,+\infty)$,值域 $M=(-\infty,+\infty)$,其图形是一条直线,如图1.2所示. 当 $x_0=2$ 时,对应的函数值 $y_0=2\times2+1=5$.

函数 $y=|x|=\begin{cases}x & x\geq0\\-x & x<0\end{cases}$,其定义域 $D=(-\infty,+\infty)$,值域 $M=[0,+\infty)$,如图1.3所示.

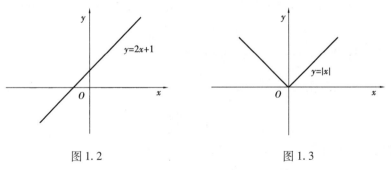

图1.2　　　　　　　　　　图1.3

函数的两要素:函数是由定义域与对应法则两个要素确定的,与表示变量的字母符号无关. 因此,两个函数相同的充分必要条件是定义域和对应法则都分别相同. 例如 $y=e^x$ 也可以写成 $y=e^\lambda$.

【例1.1】 判断 $y_1=\dfrac{x^2-4}{x-2}$,$y_2=x+2$ 是否相同.

【解】　因为y_1的定义域是$(-\infty,2)\cup(2,+\infty)$,但是$y_2$的定义域是 **R**,两个函数的定义域不同,所以两个函数不同.

【例 1.2】　判断$y_1=\lg x^2$,$y_2=2\lg x$是否相同.

【解】　因为y_1的定义域为$(-\infty,0)\cup(0,+\infty)$,$y_2$的定义域为$(0,+\infty)$,两个函数的定义域不同,所以两个函数不同.

注意

判断函数相同与否,必须同时满足两个条件,在应用时只要能确定其中一个条件不满足就不需要再检查另一个条件.

3）函数的表示法

函数的常用表示方法有:解析法(公式法)、图像法、列表法.

（1）解析法:将自变量和因变量之间的关系用数学式子来表示的方法. 以后学习的函数基本上都是用解析法表示的.

（2）图像法:在坐标系中用图像来表示函数关系的方法. 图 1.4 给出了某一天的气温变化曲线,它表现了时间t与气温T之间的关系.

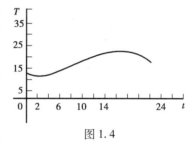

图 1.4

（3）列表法:将自变量的值与对应的函数值列成表的方法.

4）函数的定义域

对于纯数学上的函数关系,其定义域是使函数表达式有意义的自变量的取值范围.

对于代表有实际意义的函数,其定义域既要使函数表达式有意义,又要考虑研究的实际问题. 例如:$s=\pi r^2$,在实际问题中该函数表示圆的面积,自变量r表示圆的半径,故定义域为$(0,+\infty)$.

【例 1.3】　求函数$y=\dfrac{1}{1-x^2}+\sqrt{x+2}$的定义域.

【解】　要使函数有意义,必须满足

$$\begin{cases}1-x^2\neq 0\\ x+2\geq 0\end{cases}\quad 即\begin{cases}x\neq\pm 1\\ x\geq -2\end{cases}$$

则此函数的定义域是$[-2,-1)\cup(-1,1)\cup(1,+\infty)$.

【例 1.4】　求函数$y=\lg(2-x)+\sqrt{3+2x-x^2}$的定义域.

【解】　要使函数有意义,必须满足

$$\begin{cases}2-x>0\\ 3+2x-x^2\geq 0\end{cases}\quad 即\begin{cases}x<2\\ -1\leq x\leq 3\end{cases}$$

则此函数的定义域为$[-1,2)$.

注 意

求定义域时需注意以下三点：

（1）对于分式函数，分母不能为0；

（2）对于开偶次方根的根式函数，被开方式应大于等于0；

（3）对于对数函数，真数应大于0（底数大于0且不等于1）.

5）函数值的求法

函数 $y=f(x)$ 中的"f"表示函数关系中的对应法则，即对每一个 $x_0 \in D$，按法则 f 有唯一确定的 y 值与之对应.

【例1.5】 设 $f(x)=\dfrac{1-x}{1+x}$，求 $f(0)$，$f(3)$，$f(-x)$，$f\left(\dfrac{1}{x}\right)$.

【解】 $f(0)=\dfrac{1-0}{1+0}=1$，$f(3)=\dfrac{1-3}{1+3}=-\dfrac{1}{2}$

分别用 $-x$，$\dfrac{1}{x}$ 去替换 $f(x)$ 中的 x 得

$$f(-x)=\frac{1+x}{1-x} \quad (x \neq 1)，\qquad f\left(\frac{1}{x}\right)=\frac{1-\dfrac{1}{x}}{1+\dfrac{1}{x}}=\frac{x-1}{x+1} \quad (x \neq 0 \text{ 且 } x \neq -1)$$

【例1.6】 若 $f(x+1)=x^2-3x+2$，求 $f(x)$，$f(x-1)$.

【解】 方法1：$f(x+1)=(x+1)^2-5(x+1)+6$

得
$$f(x)=x^2-5x+6$$
$$f(x-1)=x^2-7x+12$$

方法2：令 $x+1=t$，则 $x=t-1$，从而
$$f(t)=(t-1)^2-3(t-1)+2=t^2-5t+6$$

得
$$f(x)=x^2-5x+6$$
$$f(x-1)=(x-1)^2-5(x-1)+6$$
$$=x^2-7x+12$$

分析上述例题，$f(-x)$ 和 $f\left(\dfrac{1}{x}\right)$ 是比 $f(x)$ 更复杂的函数，即后面将会介绍的复合函数.

数学文化

"函数"的由来

一个人的名字，往往蕴含了父母对于子女各种美好的期许.同样地，一个数学概念的名称往往也有其意义，或反映它的数学意义，或反映当时人们对它的理解.在我国，函数的概念最早是由英国传教士伟烈亚力和李善兰引入并翻译的.

李善兰，原名李心兰，字竟芳，号秋纫，别号壬叔，浙江海宁人. 他是我国清代数学家、天文学家、翻译家、教育家. 1852—1859 年，李善兰在上海与传教士伟烈亚力等翻译了众多西方经典数学书籍，如《几何原本》《代数学》《代微积拾级》等. 在翻译《代数学》和《代微积拾级》时，首次使用了"函数"一词. 为什么用"函数"呢？

《代数学》和《代微积拾级》这两部著作，采用的都是函数的"解析式"定义，即"包含变量的表达式"，对于函数概念，书中解释说"凡此变数中函彼变数者，则此为彼之函数"，而"函"同"含"，是包含之意. 于是，李善兰将"包含变量的表达式"翻译为"函数". 如《代数学》第七卷中有"凡式中含天，为天之函数"（古代以天、地、人、物四元表示未知数）.

1.1.2 反函数

定义 1.2 设函数 $y=f(x)$ 的定义域为 D，值域为 M. 若对于 M 中的每一个 y 值，在 D 内都有唯一的 x 值与之对应，则 x 也是 y 的函数，称它为函数 $f(x)$ 的反函数，记作 $x=\varphi(y)$，或 $x=f^{-1}(y)$，$y \in M$.

由定义可知，$x=f^{-1}(y)$ 与 $y=f(x)$ 互为反函数. 习惯上，用 x 表示自变量，y 表示因变量，因此反函数表示成 $y=f^{-1}(x)$ 的形式.

给出一个函数 $y=f(x)$，若求反函数，只要把 x 用 y 表示出来，再将 x 与 y 的符号互换即可. 切记 $y=f(x)$ 的定义域和值域分别是反函数 $y=f^{-1}(x)$ 的值域和定义域. 其几何意义为 $y=f(x)$ 的图像与反函数 $y=f^{-1}(x)$ 的图像关于 $y=x$ 对称.

【例 1.7】 求 $y=\dfrac{2+x}{1+x}$ 的反函数.

【解】 由 $y=\dfrac{2+x}{1+x}$，可得 $y(1+x)=2+x \Rightarrow (y-1)x=2-y$.

因而可得 $x=\dfrac{2-y}{y-1}$，则所求反函数为 $y=\dfrac{2-x}{x-1}$.

1.1.3 分段函数

将一个函数的定义域分成若干部分，各部分的对应法则用不同的解析式来表示，这种函数称为分段函数.

如图 1.5 所示的就是一个分段函数，其定义域 $D=(-\infty,+\infty)$，该函数也称为符号函数.

表达式如下：

$$y=\operatorname{sgn}(x)=\begin{cases} -1 & x<0 \\ 0 & x=0 \\ 1 & x>0 \end{cases}$$

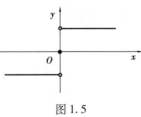

图 1.5

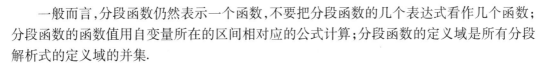

一般而言,分段函数仍然表示一个函数,不要把分段函数的几个表达式看作几个函数;分段函数的函数值用自变量所在的区间相对应的公式计算;分段函数的定义域是所有分段解析式的定义域的并集.

【例1.8】 已知分段函数 $f(x) = \begin{cases} x-1 & -2 \leqslant x < 0 \\ x+1 & 0 \leqslant x \leqslant 2 \end{cases}$,求函数 $f(x)$ 的定义域以及 $f(-1)$,$f(0)$,$f(1)$.

【解】 $f(x)$ 的定义域为 $[-2,2]$;

$f(-1) = -1-1 = -2$;

$f(0) = 0+1 = 1$;

$f(1) = 1+1 = 2$.

【例1.9】 已知分段函数 $f(x) = \begin{cases} x & 0 \leqslant x < 3 \\ 3 & 3 \leqslant x < 5 \\ 8-x & 5 \leqslant x < 8 \end{cases}$,求函数的定义域以及 $f(0)$,$f(3)$,$f(5)$.

【解】 $f(x)$ 的定义域为 $[0,8)$;

$f(0) = 0$;

$f(3) = 3$;

$f(5) = 8-5 = 3$.

习题 1.1

1. 下列函数是否相同?为什么?

$(1) f(x) = \sqrt{x^3-x^2}$,$g(x) = x\sqrt{x-1}$

$(2) f(x) = \sqrt[3]{x^4-x^3}$,$g(x) = x\sqrt[3]{x-1}$

2. 求下列函数的定义域.

$(1) y = \sqrt{x^2-4x+3}$ $(2) y = \dfrac{x}{x^2-1}$

$(3) y = \dfrac{1}{\sqrt{x+2}} + \sqrt{x(x-1)}$ $(4) y = \sqrt{16-x^2}$

3. 设 $f(x) = \begin{cases} 1 & 0 \leqslant x \leqslant 1 \\ -2 & 1 < x \leqslant 2 \end{cases}$,求函数 $f(x+3)$ 的定义域.

4. 设函数 $f(x) = \begin{cases} x+1 & x < 0 \\ x^2+1 & x \geqslant 0 \end{cases}$,求函数值 $f(-1)$,$f(1)$,$f(0)$.

1.2 函数的性质

1.2.1 函数的单调性

定义 1.3 设函数 $f(x)$ 在区间 (a,b) 内有定义，对于 (a,b) 内的任意两点 x_1 及 x_2。

当 $x_1 < x_2$ 时，恒有

$$f(x_1) \leqslant f(x_2)$$

则称函数 $f(x)$ 在区间 (a,b) 内单调递增，区间 (a,b) 称为函数的单调递增区间；

当 $x_1 < x_2$ 时，恒有

$$f(x_1) \geqslant f(x_2)$$

则称函数 $f(x)$ 在区间 (a,b) 内单调递减，区间 (a,b) 称为函数的单调递减区间。

函数在区间 (a,b) 内的递增或递减的性质统称为函数的单调性，区间 (a,b) 称为函数的单调区间。函数的单调性与其定义区间密切相关，具有局部性。

单调函数的几何意义：区间 (a,b) 内的单调递增函数，其曲线是沿 x 轴正方向逐渐上升的（常数函数除外），如图 1.6 所示；区间 (a,b) 内的单调递减函数，其曲线是沿 x 轴正方向逐渐下降的（常数函数除外），如图 1.7 所示。

【例 1.10】 讨论函数 $f(x) = x^3$ 在 $(-\infty, +\infty)$ 内的单调性。

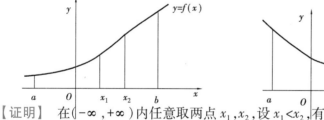
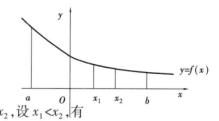

【证明】 在 $(-\infty, +\infty)$ 内任意取两点 x_1, x_2，设 $x_1 < x_2$，有

图 1.6　　　　　　　　　　　图 1.7

$$f(x_1) - f(x_2) = x_1^3 - x_2^3$$

$$= (x_1 - x_2)\left[\left(x_2 + \frac{x_1}{2}\right)^2 + \frac{3}{4}x_1^2\right] < 0$$

即 $f(x_1) < f(x_2)$，根据定义 1.3 知 $f(x) = x^3$ 在 $(-\infty, +\infty)$ 内单调递增，如图 1.8 所示。

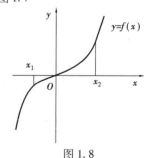

1.2.2 函数的奇偶性

图 1.8

定义 1.4 设函数 $y = f(x)$ 的定义域是关于原点对称的区间 D，如果对任意 $x \in D$，恒有

$$f(-x) = -f(x)$$

则称 $y = f(x)$ 为奇函数；如果对任意的 $x \in D$，恒有

$$f(-x) = f(x)$$

则称 $y=f(x)$ 为偶函数;既不是奇函数也不是偶函数的函数,称为非奇非偶函数.

例如,$f(x)=x^2$ 是偶函数,是由于 $f(-x)=(-x)^2=x^2=f(x)$;而 $f(x)=x^3$ 是奇函数,是由于 $f(-x)=(-x)^3=-x^3=-f(x)$.

奇偶函数的几何特征:奇函数的图像关于坐标原点对称,如图 1.9 所示;偶函数的图像关于 y 轴对称,如图 1.10 所示.

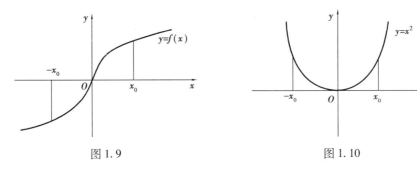

图 1.9　　　　　　　　　　　图 1.10

奇偶函数的性质:

(1)奇函数的代数和仍是奇函数,偶函数的代数和仍是偶函数.

(2)奇数个奇函数的乘积是奇函数,偶数个奇函数的乘积是偶函数.

(3)偶函数的乘积仍是偶函数.

(4)奇函数和偶函数的乘积是奇函数.

【例 1.11】　判断下列函数的奇偶性.

(1)$f(x)=x^3\cos x$　　　　　　　　(2)$f(x)=\dfrac{e^x+e^{-x}}{2}$

(3)$f(x)=\sin x+\cos x$

【解】　(1)$f(x)=x^3\cos x$ 的定义域是 $(-\infty,+\infty)$,因为
$$f(-x)=(-x)^3\cos(-x)=-x^3\cos x=-f(x)$$
所以 $f(x)$ 是奇函数.

(2)$f(x)=\dfrac{e^x+e^{-x}}{2}$ 的定义域是 $(-\infty,+\infty)$,因为
$$f(-x)=\frac{e^{-x}+e^x}{2}=f(x)$$
所以 $f(x)$ 是偶函数.

(3)$f(x)=\sin x+\cos x$ 的定义域是 $(-\infty,+\infty)$,由于
$$f(-x)=\sin(-x)+\cos(-x)=-\sin x+\cos x$$
由此看出　　　　　　　　　　$f(-x)\neq f(x)$
且　　　　　　　　　　　　　$f(-x)\neq -f(x)$
所以 $f(x)$ 是非奇非偶函数.

1.2.3　函数的有界性

定义 1.5　设函数 $y=f(x)$ 在区间 I 上有定义，若存在一个正数 M，对于所有的 $x\in I$ 恒有

$$|f(x)|\leqslant M$$

则称函数 $f(x)$ 在 I 上有界，或称函数为有界函数；否则称 $f(x)$ 在 I 上无界.

【例 1.12】　判断下列函数是否有界.

(1) $f(x)=\sin x, x\in(-\infty,+\infty)$　　　　(2) $f(x)=\dfrac{1}{x}, x\in(0,1)$

【解】　(1) 因为对于任意 $x\in(-\infty,+\infty)$，都有

$$|\sin x|\leqslant 1$$

所以 $f(x)=\sin x$ 在 $(-\infty,+\infty)$ 上有界.

(2) 因为对于任意给定的正数 M，当 $M>1$ 时，只要 $0<x<\dfrac{1}{M}$，有

$$|f(x)|=\frac{1}{x}>M,$$

当 $M\leqslant 1$ 时，只要 $0<x<M$，有

$$|f(x)|=\frac{1}{x}>M$$

所以 $f(x)=\dfrac{1}{x}$ 在 $(0,1)$ 内无界.

注意

(1) 如果函数 $y=f(x)$ 在 I 上有界，则 $y=f(x)$ 在 I 上的界值是不唯一的. 例如 $f(x)=\sin x$ 在 $(-\infty,+\infty)$ 内有界，只要分别取 $M=1, M=2$，都有

$$|\sin x|\leqslant M=1$$

同时也有

$$|\sin x|<M=2$$

(2) 函数的有界性与定义区间有关，例如 $f(x)=\dfrac{1}{x}$ 在 $(0,1)$ 无界，而在区间 $(1,2)$ 内是有界的.

1.2.4　函数的周期性

定义 1.6　设函数 $f(x)$ 的定义域为 D，如果存在一个不为零的常数 T，使得对任意的 $x\in D$，且 $(x\pm T)\in D$ 恒有

$$f(x+T)=f(x)$$

成立，则称函数 $f(x)$ 为 D 上的周期函数，称常数 T 为函数 $f(x)$ 的周期. 周期函数的周期通

常是指最小正周期.

例如,正弦函数 $\sin x$、余弦函数 $\cos x$ 都是周期为 2π 的周期函数.

三角函数是常见的周期函数,现将三角函数的周期小结如下:

(1) $y=\sin x$, $y=\cos x$, $T=2\pi$.

(2) $y=\tan x$, $y=\cot x$, $T=\pi$.

(3) $y=A\sin(\omega x+\varphi)$, $y=A\cos(\omega x+\varphi)$, $T=\dfrac{2\pi}{|\omega|}$ $\quad(\omega,\varphi\in\mathbf{R},$ 且 $\omega\neq0)$.

(4) $y=A\tan(\omega x+\varphi)$, $y=A\cot(\omega x+\varphi)$, $T=\dfrac{\pi}{|\omega|}$ $\quad(\omega,\varphi\in\mathbf{R},$ 且 $\omega\neq0)$.

周期函数的运算性质:

(1) 若函数 $f(x)$ 的周期为 T,则函数 $f(ax+b)$ 的周期为 $\dfrac{T}{|a|}$($a,b\in\mathbf{R}$,且 $a\neq0$).

(2) 若函数 $f(x)$ 和 $g(x)$ 的周期为 T,则 $f(x)\pm g(x)$ 的周期也为 T.

(3) 若函数 $f(x)$ 和 $g(x)$ 的周期分别为 T_1,T_2,且 $T_1\neq T_2$,则 $f(x)\pm g(x)$ 的周期为 T_1,T_2 的最小公倍数.

【例 1.13】 求下列函数的周期.

(1) $y=2\sin\left(3x+\dfrac{\pi}{4}\right)$ (2) $y=\tan\left(-5x+\dfrac{\pi}{6}\right)$

【解】 (1) 由周期函数的运算性质可知:$y=2\sin\left(3x+\dfrac{\pi}{4}\right)$ 的周期 $T=\dfrac{2\pi}{3}$.

(2) 由周期函数的运算性质可知:$y=\tan\left(-5x+\dfrac{\pi}{6}\right)$ 的周期 $T=\dfrac{\pi}{|-5|}=\dfrac{\pi}{5}$.

习题 1.2

1. 判断下列函数的奇偶性.

(1) $f(x)=\sqrt{1-x}+\sqrt{1+x}$ (2) $y=e^{2x}-e^{-2x}+\sin x$

2. 求下列函数的周期.

(1) $y=\sin x-\cos x$ (2) $y=2\tan 3x$

1.3 初等函数

1.3.1 基本初等函数

我们将常数函数、幂函数、指数函数、对数函数、三角函数和反三角函数统称为基本初等函数. 为满足后续课程学习的需要,把上述 6 类基本初等函数系统地整理如下.

1）常数函数

$$y = C \quad (C \text{ 为常数})$$

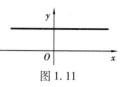
图 1.11

其定义域是 $(-\infty, +\infty)$，在几何上函数 $y = C$ 表示一条平行于 x 轴的直线，如图 1.11 所示.

2）幂函数

$$y = x^{\mu} \quad (\mu \in \mathbf{R})$$

幂函数的定义域、值域、函数的图形等性质都随 μ 的取值不同而有所改变，但有个共同的特征就是其图形均经过点 $(1,1)$. 例如 $y = x$，$y = x^2$，$y = x^3$ 的定义域都是 $(-\infty, +\infty)$；而 $y = \dfrac{1}{x}$，$y = \dfrac{1}{x^2}$ 的定义域是 $(-\infty, 0) \cup (0, +\infty)$；$y = \sqrt{x}$ 的定义域却是 $[0, +\infty)$. 为了以后学习的需要我们绘出以上几个幂函数的图形，如图 1.12—图 1.17 所示。

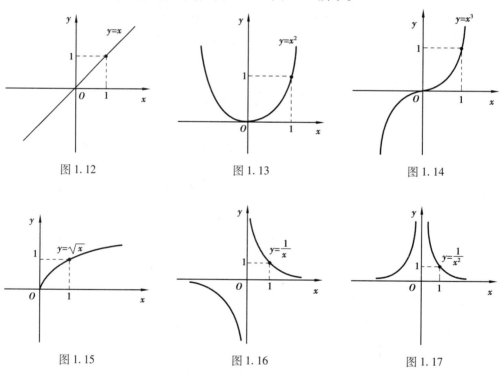

图 1.12　　　　　　图 1.13　　　　　　图 1.14

图 1.15　　　　　　图 1.16　　　　　　图 1.17

3）指数函数

$$y = a^x \quad (a > 0, a \neq 1)$$

定义域是 $(-\infty, +\infty)$，值域是 $(0, +\infty)$，图形过点 $(0,1)$. 当 $a > 1$ 时函数单调递增，当 $0 < a < 1$ 时函数单调递减，如图 1.18 所示. 在特殊情况下，当底数 $a = e$ 时，得到一个常用的指数函数：$y = e^x$.

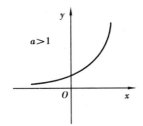 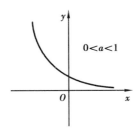

图 1.18

4)对数函数

$$y = \log_a x \quad (a > 0, a \neq 1)$$

定义域是 $(0, +\infty)$，值域是 $(-\infty, +\infty)$，图像过 $(1,0)$ 点. 当 $a>1$ 时函数单调递增，当 $0<a<1$ 时函数单调递减，如图 1.19 所示. 在特殊情况下，当对数函数的底 $a = e$ 时，$y = \log_e x$ 称为自然对数，记为 $y = \ln x$.

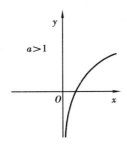 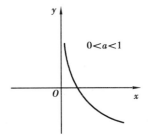

图 1.19

5)三角函数

（1）正弦函数 $y = \sin x$ 　　　　　　（2）余弦函数 $y = \cos x$

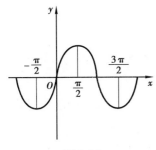 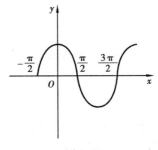

图 1.20 　　　　　　　　　　图 1.21

定义域：$(-\infty, +\infty)$，值域：$[-1, 1]$　　　定义域：$(-\infty, +\infty)$，值域：$[-1, 1]$
性质：奇函数，周期为 2π　　　　　　性质：偶函数，周期为 2π

（3）正切函数 $y = \tan x$

（4）余切函数 $y = \cot x$

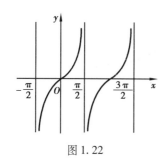

图 1.22

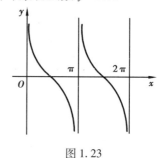

图 1.23

定义域：$\left\{x \mid x \neq k\pi + \dfrac{\pi}{2}, k \in \mathbf{Z}\right\}$

值域：$(-\infty, +\infty)$

性质：奇函数，周期为 π，单调递增，无界

定义域：$\{x \mid x \neq k\pi, k \in \mathbf{Z}\}$

值域：$(-\infty, +\infty)$

性质：奇函数，周期为 π，单调递减，无界

三角函数是数学中一类常用函数. 常见的三角函数包含正弦函数、余弦函数、正切函数、余切函数、正割函数、余割函数. 上面只列出了常用的前四种类型.

6）反三角函数

三角函数的反函数称为反三角函数. 与三角函数对应，反三角函数也包含 6 种类型. 下面列出常用的前四类反三角函数：

（1）反正弦函数：$y = \arcsin x$，定义域：$[-1, 1]$，值域：$\left[-\dfrac{\pi}{2}, \dfrac{\pi}{2}\right]$.

（2）反余弦函数：$y = \arccos x$，定义域：$[-1, 1]$，值域：$[0, \pi]$.

（3）反正切函数：$y = \arctan x$，定义域：$(-\infty, +\infty)$，值域：$\left(-\dfrac{\pi}{2}, \dfrac{\pi}{2}\right)$.

（4）反余切函数：$y = \operatorname{arccot} x$，定义域：$(-\infty, +\infty)$，值域：$(0, \pi)$.

三角函数和
反三角函数

1.3.2 复合函数

通常接触到的函数并非都是基本初等函数，更多的是多个函数的复合，即复合函数.

例如，$f(x) = e^x$，$g(x) = \sqrt{x}$，$f[g(x)] = e^{\sqrt{x}}$. 如果用变量 u 表示 e^x 中的 x，可得 $y = e^u$，令 $u = g(x) = \sqrt{x}$，即为两个基本初等函数. 上述过程就是将函数 $u = \sqrt{x}$ 代入 $y = e^u$ 得 $y = e^{\sqrt{x}}$. 函数之间的这种代入或迭代的关系称为复合关系，所得到的函数称为复合函数.

定义 1.7　设函数 $y = f(u)$，$u = \varphi(x)$，如果 $u = \varphi(x)$ 的值域全部包含于函数 $y = f(u)$ 的定义域内，则任意的 x 通过 u 有确定的 y 值与之对应，从而 y 是 x 的函数，称此函数为 $y = f(u)$ 和 $u = \varphi(x)$ 复合而成的函数，记作

$$y = f[\varphi(x)]$$

其中，u 称为中间变量.

【例1.14】　将下面的 y 表示成 x 的函数.

(1) $y = \dfrac{1}{u}, u = x^3 + 1$ 　　　　　　(2) $y = \ln u, u = 3^v, v = \cos x$

【解】　(1) $y = \dfrac{1}{x^3 + 1}$ 　　　　　　(2) $y = \ln 3^v = \ln 3^{\cos x}$

注　意

并非任意两个函数都可通过中间变量复合成复合函数.

例如 $y = \ln u, u = -x^2$ 不能复合,因为 $y = \ln u$ 的定义域为 $(0, +\infty)$,而 $u = -x^2$ 的值域为 $(-\infty, 0]$,不在 $y = \ln u$ 的定义域内.

对复合函数的研究有两个方面的问题:一方面将若干个简单函数复合成一个函数,称为函数的复合;另一方面将复合函数分解成若干个简单函数,称为复合函数的分解. 分解复合函数,就是由外到里,逐层分解,且每个层次都只能是一个基本初等函数或简单函数.

简单函数:基本初等函数(常数函数、幂函数、指数函数、对数函数、三角函数、反三角函数)或由基本初等函数经过四则运算所得的函数.

【例1.15】　分解下列复合函数.

(1) $y = \ln \ln \ln x$ 　　　　　　(2) $y = \sqrt{\ln \sin^2 x}$

(3) $y = e^{\arctan x^2}$ 　　　　　　(4) $y = \cos^2 \ln(2 + \sqrt{1 + x^2})$

【解】　(1) $y = \ln \ln \ln x$ 由 $y = \ln u, u = \ln v, v = \ln x$ 复合而成.

(2) $y = \sqrt{\ln \sin^2 x}$ 由 $y = \sqrt{u}, u = \ln v, v = w^2, w = \sin x$ 复合而成.

(3) $y = e^{\arctan x^2}$ 由 $y = e^u, u = \arctan v, v = x^2$ 复合而成.

(4) $y = \cos^2 \ln(2 + \sqrt{1 + x^2})$ 由 $y = u^2, u = \cos v, v = \ln w, w = 2 + t, t = \sqrt{h}, h = 1 + x^2$ 复合而成.

1.3.3　初等函数

基本初等函数经过有限次的四则运算或有限次的复合运算所得到的,并且能用一个解析式表示的函数,称为**初等函数**.

初等函数是微积分学研究的主要对象. 例如,$y = 3x^2 - 2x + 1$,$y = (\sec 3x + \cot 2x)^2$,$y = \dfrac{3 \ln x}{\sqrt{1 + \sin^2 x}}$,$y = e^{\operatorname{arccot} \frac{x}{3}}$ 都是初等函数. 分段函数一般不是初等函数,但也有极少数分段函数是初等函数.

例如,分段函数 $y = \begin{cases} x & x \geqslant 0 \\ -x & x < 0 \end{cases}$ 可以由一个解析式 $y = \sqrt{x^2}$ 表示,因此是初等函数;而函数 $y = 1 + x + x^2 + x^3 + \cdots$ 不满足有限次四则运算,因此不是初等函数.

习题 1.3

1. 求下列函数的定义域.

（1）$y = \dfrac{1}{\sqrt{x^3}}$ $\qquad\qquad\qquad$ （2）$y = 4^x$

（3）$y = x^2 e^{-2x}$ $\qquad\qquad\qquad$ （4）$y = \dfrac{x}{2} - \sqrt{x}$

（5）$y = x - \ln(1+x)$ $\qquad\qquad\qquad$ （6）$y = \arcsin 2x$

2. 填空题.

（1）指数函数 $y = (2e)^x$ 的底数为_____，定义域为_____，单调递_____.

（2）指数函数 $y = \left(\dfrac{1}{3}\right)^x$ 的底数为_____，定义域为_____，单调递_____.

（3）对数函数 $y = \ln 2x$ 的底数为_____，定义域为_____，单调递_____.

（4）对数函数 $y = \log_{\frac{1}{3}} x$ 的底数为_____，定义域为_____，单调递_____.

3. 设 $f(x)$ 的定义域为 $(0,3)$，求 $f(x+2)$ 的定义域.

4. 将下列函数复合成复合函数.

（1）$y = e^u, u = \cot x$ $\qquad\qquad$ （2）$y = \sqrt{u}, u = 1 + v^2, v = \ln x$

（3）$y = \lg u, u = \sin x$ $\qquad\qquad$ （4）$y = 4^u, u = \sqrt[5]{v}, v = 2 + x^2$

（5）$y = u^2, u = \arccos v, v = 3x$ $\qquad\qquad$ （6）$y = u^2, u = \tan v, v = 5x$

（7）$y = \cos u, u = \arcsin v, v = \dfrac{1}{2}x$ $\qquad\qquad$ （8）$y = u^{-1}, u = 1 + v^2, v = \cot w, w = 3x$

5. 指出下列复合函数的复合过程.

（1）$y = 2^{\sin x}$ $\qquad\qquad$ （2）$y = \sqrt{\cos(x^2 - 1)}$

（3）$y = \lg(x^2 + 1)$ $\qquad\qquad$ （4）$y = \dfrac{1}{(2x^3 + 4x - 1)^2}$

（5）$y = (\cos 5x)^2$ $\qquad\qquad$ （6）$y = \ln\sin(e^x)$

（7）$y = \operatorname{arccot}(3 - 2x)$ $\qquad\qquad$ （8）$y = e^{\sin\frac{1}{x}}$

第2章 函数的极限

极限描述的是变量的一种变化状态,或者说是一种变化趋势. 它反映的是从无限到有限,从量变到质变的一种辩证关系. 极限理论在高等数学中占有重要的地位,有了极限这一工具,我们不仅能够深入地研究一般函数,而且还可以解决"近似"与"精确"的矛盾,从近似的变化趋势中求得精确值. 因此,研究极限对认识函数的特征、确定函数值具有重要意义. 本章将讨论函数极限的概念和极限的运算法则.

2.1 极限的概念

本节我们首先讨论数列 $y_n = f(n)$, $n \in \mathbf{N}^*$ 的极限,然后讨论函数 $y = f(x)$（当 $x \to \infty$ 和 $x \to x_0$ 时）的极限.

2.1.1 数列 $y_n = f(n)$ 的极限

我们考察几个数列,当 n 无限增大时, $y_n = f(n)$ 的变化趋势.

（1） $y_n = \dfrac{1}{n}$,即 $1, \dfrac{1}{2}, \dfrac{1}{3}, \dfrac{1}{4}, \dfrac{1}{5}, \cdots$

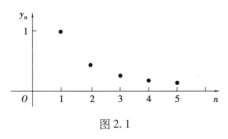

图 2.1

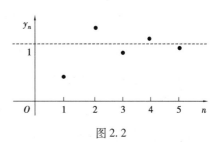

图 2.2

如图 2.1 所示,当 n 无限增大时, $y_n = \dfrac{1}{n}$ 无限趋近于 0.

（2） $y_n = 1 + (-1)^n \dfrac{1}{2^n}$,即 $\dfrac{1}{2}, \dfrac{5}{4}, \dfrac{7}{8}, \dfrac{17}{16}, \cdots$

如图 2.2 所示,当 n 无限增大时, $y_n = 1 + (-1)^n \dfrac{1}{2^n}$ 无限趋近于 1.

（3）$y_n = (-1)^{n-1}$，即 $1, -1, 1, -1, \cdots$

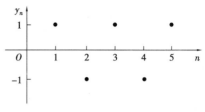

图 2.3

如图 2.3 所示，当 n 无限增大时，$y_n = (-1)^{n-1}$ 的数值在 $y = -1$ 和 $y = 1$ 来回跳动，不能保持与某个常数无限趋近.

从以上三个例子可以看出，当 n 无限增大时，数列的变化趋势整体上可分为两类：一类是 y_n 的数值无限趋近于某一个确定的常数；另一类则不能保持与某个常数无限趋近. 针对此现象给出如下极限的定义.

定义 2.1 当 n 无限增大时（记为 $n \to \infty$），数列 $\{y_n\}$ 无限地趋近于某一个确定的常数 A，则称 A 为数列 $\{y_n\}$ 在 n 趋近于无穷大时的极限，记为

$$\lim_{x \to \infty} y_n = A \quad \text{或} \quad y_n \to A \quad (\text{当 } n \to \infty \text{时})$$

此时称数列 $\{y_n\}$ 收敛，且收敛于 A；否则称数列 $\{y_n\}$ 发散.

由定义 2.1 及图 2.1—图 2.3 可知：$\lim\limits_{n \to \infty} \dfrac{1}{n} = 0$，$\lim\limits_{n \to \infty} \left[1 + (-1)^n \dfrac{1}{2^n} \right] = 1$，$\lim\limits_{n \to \infty} (-1)^{n-1}$ 不存在.

注意

数列 $\{y_n\}$ 无限趋近于某个常数 A，指的是 y_n 与 A 的距离 $|y_n - A|$ 无限小.

【例 2.1】 考察数列的变化趋势，并写出其极限.

（1）$y_n = 1 + \dfrac{(-1)^n}{n}$ （2）$y_n = -\dfrac{1}{3^n}$ （3）$y_n = 4^n$

【解】 （1）当 n 取 $1, 2, 3, 4, 5, \cdots$ 自然数时，y_n 的各项为：

$$0, \frac{3}{2}, \frac{2}{3}, \frac{5}{4}, \cdots$$

当 n 无限增大时，y_n 无限趋近于 1，由数列极限定义有

$$\lim_{n \to \infty} \left[1 + \frac{(-1)^n}{n} \right] = 1$$

（2）当 n 取 $1, 2, 3, 4, 5, \cdots$ 自然数时，y_n 的各项为：

$$-\frac{1}{3}, -\frac{1}{9}, -\frac{1}{27}, -\frac{1}{81}, \cdots$$

当 n 无限增大时，y_n 无限趋近于 0，由数列极限定义有

$$\lim_{n \to \infty} -\frac{1}{3^n} = 0$$

（3）当 n 取 $1, 2, 3, 4, 5, \cdots$ 自然数时，y_n 也无限增大，所以 $y_n = 4^n$ 没有极限，即 $\lim\limits_{n \to \infty} 4^n$ 不存在.

2.1.2　函数 $y=f(x)$ 的极限

前面讨论了数列的极限,数列是一种特殊的函数. 现在我们讨论一般函数的极限,分 $x\to\infty$ 和 $x\to x_0$ 两种情形.

1）当 $x\to\infty$ 时,函数 $y=f(x)$ 的极限

当 $x>0$ 且无限增大时,记为 $x\to+\infty$;当 $x<0$ 且其绝对值无限增大时,记为 $x\to-\infty$. 一般情况下,$x\to\infty$ 包含 $x\to+\infty$ 与 $x\to-\infty$.

分析函数 $y=\dfrac{1}{x}$ 在 $x\to\infty$ 的变化趋势.

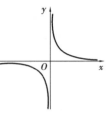

如图 2.4 所示,当 $x\to+\infty$ 时,函数 $y=\dfrac{1}{x}$ 的值无限趋近于 0;同样,当 $x\to-\infty$ 时,函数 $y=\dfrac{1}{x}$ 的值也无限趋近于 0. 由此可得如下定义.

图 2.4

定义 2.2　设函数 $y=f(x)$ 在 $|x|$ 大于某一正数时有定义,如果当 $|x|$ 无限增大(即 $x\to\infty$)时,函数 $f(x)$ 无限趋近于一个确定的常数 A,则称 A 为函数 $f(x)$ 当 $x\to\infty$ 时的极限,记为

$$\lim_{x\to\infty}f(x)=A \quad 或 \quad f(x)\to A \quad (当\ x\to\infty\ 时)$$

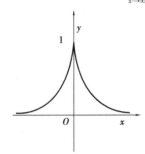

【例 2.2】　讨论极限 $\lim\limits_{x\to\infty}\dfrac{1}{1+x^2}$.

【解】　如图 2.5 所示,当 $x\to\infty$ 时,函数 $f(x)=\dfrac{1}{1+x^2}$ 的值无限趋近于 0,即

$$\lim_{x\to\infty}\frac{1}{1+x^2}=0$$

在定义 2.2 中,$x\to\infty$ 包含 $x\to+\infty$ 与 $x\to-\infty$,有时函数只需要考察 $x\to+\infty$(或 $x\to-\infty$)时的变化趋势,此时可以记为

图 2.5

$$\lim_{x\to+\infty}f(x)=A \quad 或 \quad f(x)\to A \quad (当\ x\to+\infty\ 时)$$

$$\lim_{x\to-\infty}f(x)=B \quad 或 \quad f(x)\to B \quad (当\ x\to-\infty\ 时)$$

【例 2.3】　讨论当 $x\to\infty$ 时,函数 $y=\left(\dfrac{1}{2}\right)^x$ 的极限.

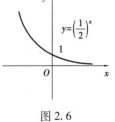

【解】　如图 2.6 所示,当 $x\to+\infty$ 时,曲线从 x 轴的上方无限趋近于 x 轴,即 $y\to0$;当 $x\to-\infty$ 时,曲线无限向上,即 $y\to+\infty$.

分析发现,当 $x\to+\infty$ 和 $x\to-\infty$ 时,曲线的变化趋势不一致,或者说当 $|x|$ 无限增大时,函数 $y=\left(\dfrac{1}{2}\right)^x$ 的函数值不趋近于一个确定的常数.

图 2.6

所以,$\lim\limits_{x\to\infty}\left(\dfrac{1}{2}\right)^x$ 不存在.

【例 2.4】 讨论当 $x \to \infty$ 时, 函数 $f(x) = \sin x$ 的极限.

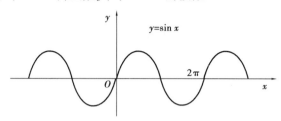

图 2.7

【解】 如图 2.7 所示, 当 $x \to \infty$ 时, 函数 $f(x) = \sin x$ 的值在 -1 与 1 之间波动, 不趋于某一固定常数, 因此 $\lim\limits_{x \to \infty} \sin x$ 不存在.

一般地, 函数 $y = f(x)$ 在 $x \to \infty$ 时的极限与在 $x \to +\infty$, $x \to -\infty$ 时的极限有如下关系:

$$\lim_{x \to \infty} f(x) = A \Leftrightarrow \lim_{x \to +\infty} f(x) = \lim_{x \to -\infty} f(x) = A$$

例如: (1) 因为 $\lim\limits_{x \to +\infty} \dfrac{x}{1+x} = \lim\limits_{x \to -\infty} \dfrac{x}{1+x} = 1$, 所以 $\lim\limits_{x \to \infty} \dfrac{x}{1+x} = 1$;

(2) 因为 $\lim\limits_{x \to +\infty} \arctan x = \dfrac{\pi}{2}$, $\lim\limits_{x \to -\infty} \arctan x = -\dfrac{\pi}{2}$, 所以 $\lim\limits_{x \to \infty} \arctan x$ 不存在;

(3) 因为 $\lim\limits_{x \to -\infty} e^x = 0$, 而 $\lim\limits_{x \to +\infty} e^x$ 不存在, 所以 $\lim\limits_{x \to \infty} e^x$ 不存在.

注 意

根据极限定义, 可得如下常用结论:

(1) $\lim\limits_{x \to \infty} \dfrac{a}{x^n} = 0 (n \in \mathbf{N}, a$ 为常数)

(2) $\lim\limits_{x \to +\infty} \dfrac{a}{x^p} = 0 (a$ 与正数 p 均为常数)

(3) $\lim\limits_{x \to +\infty} a^x = 0 (0 < a < 1)$

(4) $\lim\limits_{x \to -\infty} a^x$ 不存在 $(0 < a < 1)$

(5) $\lim\limits_{x \to -\infty} a^x = 0 (a > 1)$

(6) $\lim\limits_{x \to +\infty} a^x$ 不存在 $(a > 1)$

(7) $\lim\limits_{x \to +\infty} \arctan x = \dfrac{\pi}{2}$

(8) $\lim\limits_{x \to -\infty} \arctan x = -\dfrac{\pi}{2}$

(9) $\lim\limits_{x \to +\infty} \operatorname{arccot} x = 0$

(10) $\lim\limits_{x \to -\infty} \operatorname{arccot} x = \pi$

(11) $\lim\limits_{x \to \infty} \sin x$ 不存在

(12) $\lim\limits_{x \to \infty} \cos x$ 不存在

2) 当 $x \to x_0$ 时, 函数 $y = f(x)$ 的极限

考察函数 $f(x) = \dfrac{x^2 - 1}{x - 1}$, 当 $x \to 1$ 时的变化趋势.

如图 2.8 所示, 当 x 无限趋近于 1 时, 函数 $f(x) = \dfrac{x^2 - 1}{x - 1}$ 的值无限趋近于 2.

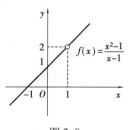

图 2.8

定义2.3　设函数 $y=f(x)$ 在点 x_0 的邻域内有定义（$x\neq x_0$），如果当 x 无限趋近于 x_0 时,对应的函数 $f(x)$ 无限趋近于一个确定的常数 A,则称 A 为函数 $f(x)$ 当 $x\to x_0$ 时的极限,记为

$$\lim_{x\to x_0}f(x)=A \quad 或 \quad f(x)\to A \quad（当 x\to x_0 时）$$

注 意

$x\to x_0$ 指的是 x 可以无限趋近于 x_0,但是永远不等于 x_0. 极限描述的是函数 $y=f(x)$ 在 x_0 点附近的变化趋势,即使函数 $y=f(x)$ 在 x_0 处没有定义,也不影响极限的讨论. 极限 $\lim\limits_{x\to x_0}f(x)$ 描述了函数 $f(x)$ 在 $x\to x_0$ 时的变化趋势而不是在 x_0 处的性态.

由定义2.3,可知 $\lim\limits_{x\to 1}\dfrac{x^2-1}{x-1}=2$.

【例2.5】　讨论函数 $f(x)=x^2(x\geq 0)$ 当 $x\to 2$ 时的极限.

【解】　如图2.9所示,当 $x\to 2$ 时,函数 $f(x)=x^2$ 无限趋近于 4,所以 $\lim\limits_{x\to 2}x^2=4$.

【例2.6】　设 $f(x)=C$（常数）,求 $\lim\limits_{x\to x_0}f(x)$.

【解】　因为 $y=C$ 为常数函数,即对任何 $x\in\mathbf{R}$,均有 $f(x)=C$, 所以当 $x\to x_0$ 时,始终有 $f(x)=C$,即

$$\lim_{x\to x_0}f(x)=\lim_{x\to x_0}C=C$$

即常数的极限是它本身.

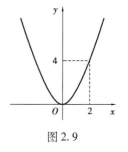

图2.9

3）当 $x\to x_0$ 时,函数 $y=f(x)$ 的左极限与右极限

$x\to x_0$ 包含两种情况:一是 x 从 x_0 的左侧无限趋近于 x_0（记为 $x\to x_0^-$）,二是 x 从 x_0 的右侧无限趋近于 x_0（记为 $x\to x_0^+$）.

在实际问题中,有时只需考虑 x 从 x_0 的一侧无限趋近 x_0 时,函数 $y=f(x)$ 的变化趋势.

定义2.4　如果函数 $f(x)$ 在 x_0 点的左侧邻域内有定义,并且当 $x\to x_0^-$ 时,函数 $f(x)$ 无限趋近于一个确定的常数 A,则称 A 为函数 $f(x)$ 当 $x\to x_0$ 时的左极限,记为

$$\lim_{x\to x_0^-}f(x)=A \quad 或 \quad f(x_0-0)=A$$

类似地,如果函数 $f(x)$ 在 x_0 点右侧邻域内有定义,并且当 $x\to x_0^+$ 时,函数 $f(x)$ 无限趋近于一个确定的常数 B,则称 B 为函数 $f(x)$ 当 $x\to x_0$ 时的右极限,记为

$$\lim_{x\to x_0^+}f(x)=B \quad 或 \quad f(x_0+0)=B$$

函数的左极限、右极限统称为函数的单侧极限,与函数的极限有如下的重要关系:

$$\lim_{x \to x_0} f(x) = A \Leftrightarrow \lim_{x \to x_0^-} f(x) = \lim_{x \to x_0^+} f(x) = A$$

【例 2.7】 讨论函数 $f(x) = \begin{cases} x & x \geqslant 0 \\ -1 & x < 0 \end{cases}$ 在 $x = 0$ 处的左、右极限.

【解】 如图 2.10 所示，$x = 0$ 是分段函数的分段点.

左极限 $\lim_{x \to 0^-} f(x) = \lim_{x \to 0^-}(-1) = -1$

右极限 $\lim_{x \to 0^+} f(x) = \lim_{x \to 0^+} x = 0$

由此可见，$\lim_{x \to 0^+} f(x) \neq \lim_{x \to 0^-} f(x)$，所以 $\lim_{x \to 0} f(x)$ 不存在.

【例 2.8】 讨论函数 $f(x) = \begin{cases} 2x & x \leqslant 1 \\ x^2+1 & x > 1 \end{cases}$ 在 $x = 1$ 点处的

极限.

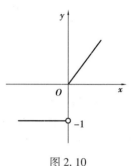

图 2.10

【解】 $x = 1$ 是函数的分段点.

左极限 $\lim_{x \to 1^-} f(x) = \lim_{x \to 1^-} 2x = 2$

右极限 $\lim_{x \to 1^+} f(x) = \lim_{x \to 1^+}(x^2+1) = 2$

由此可见，$\lim_{x \to 1^-} f(x) = \lim_{x \to 1^+} f(x) = 2$，所以 $\lim_{x \to 1} f(x) = 2$.

习题 2.1

1. 观察下列数列当 $n \to \infty$ 时的变化趋势，若存在极限，则写出其极限.

(1) $x_n = \dfrac{1}{n} + 2$ 　　　　　　　　(2) $x_n = (-1)^n \dfrac{1}{3n}$

(3) $x_n = \dfrac{4n}{2n+1}$ 　　　　　　　　(4) $x_n = n$

2. 利用函数的图像，考察函数变化趋势，并写出其极限.

(1) $\lim_{x \to 2}(6x - 2)$ 　　　　　　　　(2) $\lim_{x \to \frac{\pi}{4}} \cot x$

(3) $\lim_{x \to \infty}\left(1 + \dfrac{2}{x}\right)$ 　　　　　　　(4) $\lim_{x \to -2} \dfrac{x^2-4}{x+2}$

(5) $\lim_{x \to 1} \lg x^2$ 　　　　　　　　(6) $\lim_{x \to +\infty} \arctan x$

3. 已知函数 $f(x) = \begin{cases} 2x+1 & x \geqslant 0 \\ 1 & x < 0 \end{cases}$，作出它的图像，求当 $x \to 0$ 时 $f(x)$ 的左、右极限，并判

断当 $x \to 0$ 时 $f(x)$ 的极限是否存在？

4. 已知函数 $f(x) = \begin{cases} x-1 & x > 1 \\ 4 & x = 1 \\ -x+1 & x < 1 \end{cases}$，求 $\lim_{x \to 1} f(x)$ 及 $f(1)$.

2.2　无穷小量与无穷大量

2.2.1　无穷小量

在讨论数列极限和函数极限时,有一类变量会经常遇到,那就是无穷小量. 所谓无穷小量,就是以零为极限的变量.

定义 2.5　如果在自变量的某一变化过程中(如 $x \to x_0$ 或 $x \to \infty$),函数 $f(x)$ 的极限为零,即

$$\lim_{\substack{x \to x_0 \\ (x \to \infty)}} f(x) = 0$$

则称 $f(x)$ 为该变化过程中的无穷小量.

例如,$\lim\limits_{x \to 3}(x-3) = 0$,因此函数 $f(x) = x-3$ 是 $x \to 3$ 时的无穷小量. 又如,$\lim\limits_{x \to \infty} \dfrac{1}{x} = 0$,因此函数 $f(x) = \dfrac{1}{x}$ 是当 $x \to \infty$ 时的无穷小量,而 $\lim\limits_{x \to 5} \dfrac{1}{x} = \dfrac{1}{5}$,因此当 $x \to 5$ 时函数 $f(x) = \dfrac{1}{x}$ 不是无穷小量.

从上面的定义和例子可以看出,理解无穷小量必须注意以下两点:

(1)无穷小量与自变量的变化过程有关,说函数 $f(x)$ 是无穷小量时,必须指明自变量 x 的变化过程.

(2)无穷小量是变量,但 0 是唯一可以作为无穷小量的常数,除此以外,任何常数都不是无穷小量.

无穷小量有以下性质:

性质 1　有限个无穷小量的代数和为无穷小量.

性质 2　有限个无穷小量的积为无穷小量.

性质 3　有界函数与无穷小量的积为无穷小量.

【例 2.9】　求极限 $\lim\limits_{x \to \infty} \dfrac{\sin x}{x^2}$.

【解】　因为 $\lim\limits_{x \to \infty} \dfrac{1}{x^2} = 0$,则 $\dfrac{1}{x^2}$ 是无穷小量($x \to \infty$),又因 $|\sin x| \leqslant 1$,所以 $\sin x$ 是有界函数.

由性质 3 得:

$$\lim_{x \to \infty} \frac{\sin x}{x^2} = \lim_{x \to \infty} \frac{1}{x^2} \sin x = 0$$

2.2.2　无穷大量

由函数 $f(x) = \dfrac{1}{x}$ 的图像可知,当 $x \to 0$ 时,函数 $f(x) = \dfrac{1}{x}$ 的绝对值无限增大,这样的变

量称为无穷大量.

定义 2.6 如果在自变量的某一变化过程中（如 $x \to x_0$ 或 $x \to \infty$），函数 $f(x)$ 的绝对值无限增大，则称 $f(x)$ 为该变化过程中的无穷大量.

当函数为无穷大量时，按通常意义来说极限是不存在的，但为了便于叙述函数的这一特性，就说"函数的极限是无穷大"，并记为

$$\lim_{x \to x_0} f(x) = \infty \quad \text{或} \quad \lim_{x \to \infty} f(x) = \infty$$

例如，$\lim\limits_{x \to 2} \dfrac{1}{x-2} = \infty$.

注　意

无穷大量与自变量的变化过程有关；无穷大量是变量，不论多么大的常数，都不是无穷大量.

若 $x \to x_0$（或 $x \to \infty$），当 $f(x)$ 的绝对值趋于无穷大时，可以只考虑对应的函数值为正的或负的，分别称为正无穷大或负无穷大，记为

$$\lim_{\substack{x \to x_0 \\ (x \to \infty)}} f(x) = +\infty, \quad \lim_{\substack{x \to x_0 \\ (x \to \infty)}} f(x) = -\infty$$

例如，$\lim\limits_{x \to 0^+} \lg x = -\infty$，$\lim\limits_{x \to \infty} 2x^2 = +\infty$.

2.2.3　无穷小量与无穷大量的关系

当 $x \to 3$ 时，$f(x) = x - 3$ 是无穷小量，而 $f(x) = \dfrac{1}{x-3}$ 是无穷大量，当 $x \to \infty$ 时，$f(x) = x + 1$ 是无穷大量，而 $f(x) = \dfrac{1}{x+1}$ 是无穷小量.

一般地，在自变量的同一变化过程中，无穷小量与无穷大量有如下关系：

定理 2.1 如果 $\lim f(x) = \infty$，则 $\lim \dfrac{1}{f(x)} = 0$；反之，如果 $\lim f(x) = 0$ 且 $f(x) \neq 0$，则 $\lim \dfrac{1}{f(x)} = \infty$.（证明略）

也就是说，无穷大量的倒数是无穷小量，而非零的无穷小量的倒数是无穷大量.

【例 2.10】 求下列函数的极限.

（1）$\lim\limits_{x \to \infty} \dfrac{1}{3 + x^2}$　　　　（2）$\lim\limits_{x \to 2} \dfrac{x+4}{x-2}$

【解】 （1）当 $x \to \infty$ 时，函数 $f(x) = 3 + x^2$ 为无穷大量，根据无穷大与无穷小的关系有 $\lim\limits_{x \to \infty} \dfrac{1}{3 + x^2} = 0$.

（2）当 $x\to 2$ 时，分母的极限为零，因此不能用商的极限法则，但因为 $\lim\limits_{x\to 2}\dfrac{x-2}{x+4}=0$，即 $\dfrac{x-2}{x+4}$ 是当 $x\to 2$ 时的无穷小量，根据定理2.1可知 $\lim\limits_{x\to 2}\dfrac{x+4}{x-2}=\infty$.

$\lim\limits_{x\to 2}\dfrac{x-2}{x+4}=0$，但当 $x\to 2$ 时，$\dfrac{x-2}{x+4}\ne 0$. 一般情况下 $\lim\limits_{x\to x_0}f(x)=A$ 但 $f(x_0)\ne A$，那么函数极限与函数之间有如下关系：

定理2.2　函数 $f(x)$ 以常数 A 为极限的充要条件是函数 $f(x)$ 可以表示为常数 A 与一个无穷小量之和，即

$$\lim_{\substack{x\to x_0\\(x\to\infty)}}f(x)=A\Leftrightarrow f(x)=A+\alpha\quad(\text{其中},\lim_{\substack{x\to x_0\\(x\to\infty)}}\alpha=0)$$

2.2.4　无穷小量阶的比较

在研究无穷小量的性质时，我们已经知道，两个无穷小量的和、差、积仍是无穷小量. 但是对于两个无穷小量的商，却会出现不同的情况. 例如：当 $x\to 0$ 时，$x,3x,x^2$ 都是无穷小量，对其作商取极限有

$$\lim_{x\to 0}\frac{x^2}{3x}=0,\quad \lim_{x\to 0}\frac{3x}{x^2}=\infty,\quad \lim_{x\to 0}\frac{x}{3x}=\frac{1}{3}$$

两个无穷小量之比的极限的各种不同情况，反映了不同的无穷小量趋近于0的快慢程度. 例如，从下表可看出，当 $x\to 0$ 时，x^2 比 $3x$ 更快地趋近于0，反过来 $3x$ 比 x^2 较慢地趋近于0，而 x 与 $3x$ 趋近于0的快慢相仿.

x	1	0.5	0.1	0.01	⋯	→	0
$3x$	3	1.5	0.3	0.03	⋯	→	0
x^2	1	0.25	0.01	0.000 1	⋯	→	0

下面就以两个无穷小量之商的极限所出现的情况来说明两个无穷小量之间的比较.

定义2.7　设 α,β 是同一极限过程的无穷小量，即 $\lim\alpha=0,\lim\beta=0$.

（1）如果 $\lim\dfrac{\beta}{\alpha}=0$，则称 β 是比 α 较高阶的无穷小量，记为 $\beta=o(\alpha)$；

（2）如果 $\lim\dfrac{\beta}{\alpha}=\infty$，则称 β 是比 α 较低阶的无穷小量；

（3）如果 $\lim\dfrac{\beta}{\alpha}=k$（$k$ 为常数且 $k\ne 0$），则称 α 与 β 是同阶无穷小量.

特别地，当 $k=1$ 时，称 α 与 β 是等价无穷小量，记为 $\beta\sim\alpha$.

例如，因为 $\lim\limits_{x\to 1}\dfrac{x^2-1}{x-1}=\lim\limits_{x\to 1}\dfrac{(x+1)(x-1)}{x-1}=\lim\limits_{x\to 1}(x+1)=2$，所以当 $x\to 1$ 时，x^2-1 与 $x-1$ 是同阶无穷小量.

因为 $\lim\limits_{x \to 0} \dfrac{3x^3}{x^2} = \lim\limits_{x \to 0} 3x = 0$，所以当 $x \to 0$ 时，$3x^3$ 是比 x^2 较高阶的无穷小量，即 $3x^3 = o(x^2)$.

2.2.5 等价无穷小量在求极限中的应用

等价无穷小量在求极限中的应用，有如下定理：

定理 2.3 设 $\alpha, \beta, \alpha', \beta'$ 是同一极限过程的无穷小量，且 $\alpha \sim \alpha'$，$\beta \sim \beta'$，$\lim \dfrac{\beta'}{\alpha'}$ 存在，则有

$$\lim \frac{\beta}{\alpha} = \lim \frac{\beta'}{\alpha'} \quad （证明略）$$

等价无穷小量代换是求极限的一个有效方法，它把一个复杂的无穷小量换成与之等价的基本无穷小量，大大简化了极限的计算. 因此牢记一些常用的等价无穷小量是非常必要的.

常用等价无穷小量有：当 $x \to 0$ 时，$\sin x \sim x$，$\tan x \sim x$，$e^x - 1 \sim x$，$\ln(1+x) \sim x$，$1 - \cos x \sim \dfrac{x^2}{2}$，$\arcsin x \sim x$，$\arctan x \sim x$.

【例 2.11】 利用等价无穷小量的性质求极限 $\lim\limits_{x \to 0} \dfrac{\tan 5x}{\sin 2x}$.

【解】 当 $x \to 0$ 时，$\tan 5x \sim 5x$，$\sin 2x \sim 2x$，所以

$$\lim_{x \to 0} \frac{\tan 5x}{\sin 2x} = \lim_{x \to 0} \frac{5x}{2x} = \frac{5}{2}$$

注 意

相乘（除）的无穷小量都可用各自的等价无穷小量替换，但是相加（减）的无穷小量的项不能作等价替换.

数学文化

中国古代极限思想的发展

《庄子·天下篇》中记录："一尺之棰，日取其半，万世不竭". 意思是一根一尺长的木棒，每天截取它的一半，虽然越来越短，但永远不会截取完. 随着天数的增多，所剩下的木棒越来越短，截取量也越来越小，截取的长度无限地接近于 0，但永远不会等于 0. 庄子的这句话充分体现出了古人对极限的一种思考，也形象的描述出了"无穷小量"的实际范例.

我国魏晋时期的数学家刘徽（约 225—295）在《九章算术注》中提出"割圆术"："割之弥细，所失弥小，割之又割，以至于不可割，则与圆周合体而无所失矣." 刘徽运用这个思想求出了圆周率. 这一思想与现在的极限理论思想很接近，从而刘徽也被誉为在中国史上第

一个将极限思想用于数学计算的人."割圆术"体现了朴素的极限思想在几何学中的应用,化整为零,把未知转化成已知,应用已知的知识去解决问题,这代表着极限概念的萌芽.

习题 2.2

1. 判断题.

(1) 无限变小的变量称为无穷小量.   (   )

(2) 非常小的数是无穷小量.   (   )

(3) 无穷小量之和仍是无穷小量.   (   )

(4) 任何常数都不是无穷小量.   (   )

(5) 无穷小量与无穷大量互为倒数关系.   (   )

2. 求下列函数的极限.

(1) $\lim\limits_{x\to-\infty} e^x \sin x$ (2) $\lim\limits_{x\to 0} x \sin \dfrac{1}{x}$

(3) $\lim\limits_{x\to\infty} \dfrac{\cos x}{x}$ (4) $\lim\limits_{x\to\infty} \dfrac{\arctan x}{x}$

3. 讨论函数 $y=\dfrac{1}{3x-1}$,当 x 如何变化时是无穷小量,当 x 如何变化时是无穷大量.

4. 当 $x\to 1$ 时,无穷小量 $1-x$ 和 $\dfrac{1}{2}(1-x^2)$ 是否同阶?是否等价?

5. 证明:当 $x\to -1$ 时,x^2+2x+1 是比 $x+1$ 较高阶的无穷小量.

6. 证明:当 $x\to -3$ 时,x^2+6x+9 是比 $x+3$ 较高阶的无穷小量.

7. 利用等价无穷小量的性质求下列极限.

(1) $\lim\limits_{x\to 0} \dfrac{\tan 3x^2}{1-\cos x}$ (2) $\lim\limits_{x\to 0} \dfrac{\ln(1+x)}{\sin 2x}$

(3) $\lim\limits_{x\to 1} \dfrac{\sin(x-1)}{x^2-1}$ (4) $\lim\limits_{x\to 0} \dfrac{\ln(1+x^2)}{\arctan x^2}$

2.3 极限的运算法则

设在自变量 x 的同一种变化过程中,有
$$\lim f(x)=A, \lim g(x)=B$$

法则 1　两个函数代数和的极限,等于这两个函数的极限的代数和,即
$$\lim[f(x) \pm g(x)] = \lim f(x) \pm \lim g(x) = A \pm B$$

法则 2　两个函数积的极限,等于这两个函数的极限的积,即
$$\lim[f(x) \cdot g(x)] = \lim f(x) \cdot \lim g(x) = A \cdot B$$

特殊情况: $\lim kf(x) = k \lim f(x)$ (k 为常数).

法则 3　两个函数商的极限(分母的极限不为零),等于这两个函数的极限的商,即
$$\lim \frac{f(x)}{g(x)} = \frac{\lim f(x)}{\lim g(x)} = \frac{A}{B} \quad (B \neq 0)$$

推广形式:有限个极限存在的函数的和、差、积的极限等各函数极限的和、差、积,即
$$\lim[f_1(x) + f_2(x) + \cdots + f_n(x)] = \lim f_1(x) + \lim f_2(x) + \cdots + \lim f_n(x)$$
$$\lim[f_1(x) \cdot f_2(x) \cdot \cdots \cdot f_n(x)] = \lim f_1(x) \cdot \lim f_2(x) \cdot \cdots \cdot \lim f_n(x)$$
$$\lim[f(x)]^n = [\lim f(x)]^n$$

【例 2.12】　求极限 $\lim\limits_{x \to 1}(2x^2 - 3x + 2)$.

【解】　$\begin{aligned}\lim\limits_{x \to 1}(2x^2 - 3x + 2) &= \lim\limits_{x \to 1} 2x^2 - \lim\limits_{x \to 1} 3x + \lim\limits_{x \to 1} 2\\ &= 2\lim\limits_{x \to 1} x^2 - 3\lim\limits_{x \to 1} x + 2\\ &= 2 - 3 + 2 = 1\end{aligned}$

【例 2.13】　求极限 $\lim\limits_{x \to 0} \dfrac{x^2 + x + 3}{3 - 2x}$.

【解】　因为 $\lim\limits_{x \to 0}(3 - 2x) = 3 - 2 \times 0 = 3 \neq 0$,所以
$$\lim\limits_{x \to 0} \frac{x^2 + x + 3}{3 - 2x} = \frac{\lim\limits_{x \to 0}(x^2 + x + 3)}{\lim\limits_{x \to 0}(3 - 2x)} = \frac{3}{3} = 1$$

从例 2.13 可以归纳出,对于有理分式函数 $\dfrac{f(x)}{g(x)}$,当 $g(x_0) \neq 0$ 时,有
$$\lim\limits_{x \to x_0} \frac{f(x)}{g(x)} = \frac{f(x_0)}{g(x_0)}$$

【例 2.14】　求极限 $\lim\limits_{x \to 2} \dfrac{2x^2 + 5}{x^3 - 8}$.

【解】　因为 $\lim\limits_{x \to 2}(x^3 - 8) = 0$,所以不能直接利用法则 3 求此分式极限. 但因为 $\lim\limits_{x \to 2}(2x^2 + 5) = 13 \neq 0$,所以 $\lim\limits_{x \to 2} \dfrac{x^3 - 8}{2x^2 + 5} = \dfrac{0}{13} = 0$.

当 $x \to 2$ 时, $\dfrac{x^3 - 8}{2x^2 + 5}$ 为无穷小量,所以
$$\lim\limits_{x \to 2} \frac{2x^2 + 5}{x^3 - 8} = \infty$$

【例 2. 15】　求极限 $\lim\limits_{x\to 3}\dfrac{x^2-5x+6}{x^2-9}$.

【解】　因为 $\lim\limits_{x\to 3}(x^2-9)=\lim\limits_{x\to 3}(x-3)(x+3)=0$,所以不能直接利用法则 3 求此分式极限.

又因为 $\lim\limits_{x\to 3}(x^2-5x+6)=\lim\limits_{x\to 3}(x-3)(x-2)=0$, $\lim\limits_{x\to 3}\dfrac{x^2-5x+6}{x^2-9}$ 是极限计算中的“$\dfrac{0}{0}$”型未定式. 处理的方法是:分子、分母分解因式约去公因子 $(x-3)$,再求极限.

$$\lim_{x\to 3}\frac{x^2-5x+6}{x^2-9}=\lim_{x\to 3}\frac{(x-3)(x-2)}{(x-3)(x+3)}$$

$$=\lim_{x\to 3}\frac{x-2}{x+3}=\frac{1}{6}$$

【例 2. 16】　求极限 $\lim\limits_{x\to 2}\left(\dfrac{1}{x-2}-\dfrac{4}{x^2-4}\right)$.

【解】　$\lim\limits_{x\to 2}\left(\dfrac{1}{x-2}-\dfrac{4}{x^2-4}\right)=\lim\limits_{x\to 2}\dfrac{x+2-4}{x^2-4}$

$$=\lim_{x\to 2}\frac{x-2}{(x-2)(x+2)}$$

$$=\lim_{x\to 2}\frac{1}{x+2}=\frac{1}{4}$$

【例 2. 17】　求极限 $\lim\limits_{x\to\infty}\dfrac{5x^4+2x-1}{2x^4+1}$.

【解】　因为当 $x\to\infty$ 时,分子和分母的极限都是无穷大,属于极限计算中的“$\dfrac{\infty}{\infty}$”型未定式. 对于有理分式函数(分子分母都是多项式)求极限中出现“$\dfrac{\infty}{\infty}$”的处理方法是:分子、分母同时除以 x 的最高次幂化简后再求极限,即

$$\lim_{x\to\infty}\frac{5x^4+2x-1}{2x^4+1}=\lim_{x\to\infty}\frac{5+\dfrac{2}{x^3}-\dfrac{1}{x^4}}{2+\dfrac{1}{x^4}}$$

$$=\frac{5+0-0}{2+0}=\frac{5}{2}$$

注　意

此种解题方法称为无穷小因子分出法.

【例 2. 18】　求 $\lim\limits_{x\to\infty}\dfrac{5x^4+2x^2-1}{2x^3+1}$.

【解】 分子、分母同除以 x^4，得

$$\lim_{x\to\infty}\frac{5x^4+2x^2-1}{2x^3+1}=\lim_{x\to\infty}\frac{5+\dfrac{2}{x^2}-\dfrac{1}{x^4}}{\dfrac{2}{x}+\dfrac{1}{x^4}}=\infty$$

【例 2.19】 求 $\lim\limits_{x\to\infty}\dfrac{5x^3+2x^2-1}{2x^5+1}$.

【解】 分子、分母同除以 x^5，得

$$\lim_{x\to\infty}\frac{5x^3+2x^2-1}{2x^5+1}=\lim_{x\to\infty}\frac{\dfrac{5}{x^2}+\dfrac{2}{x^3}-\dfrac{1}{x^5}}{2+\dfrac{1}{x^5}}=0$$

总结分析上述例题，对于有理分式函数求极限有如下的结论：

$$\lim_{x\to\infty}\frac{a_0x^n+a_1x^{n-1}+\cdots+a_n}{b_0x^m+b_1x^{m-1}+\cdots+b_m}=\begin{cases}\dfrac{a_0}{b_0} & n=m\\[2mm] 0 & n<m\\[2mm] \infty & n>m\end{cases}\quad (\text{其中 } a_0\neq0, b_0\neq0)$$

习题 2.3

1. 设 $f(x)=\begin{cases}3x & -1<x<1\\ 2 & x=1\\ 3x^2 & 1<x<2\end{cases}$，求 $\lim\limits_{x\to0}f(x), \lim\limits_{x\to1}f(x), \lim\limits_{x\to\sqrt{2}}f(x)$.

2. 求下列极限.

(1) $\lim\limits_{x\to3}\ln(2x^2-x+3)$

(2) $\lim\limits_{x\to2}\ln\dfrac{x+5}{x-1}$

(3) $\lim\limits_{x\to\frac{\pi}{6}}(\tan 2x)^2$

(4) $\lim\limits_{x\to0}\dfrac{4x^3-2x^2+x}{x^2+4x}$

(5) $\lim\limits_{x\to1}\dfrac{x^2-1}{2x^2-x-1}$

(6) $\lim\limits_{x\to1}\dfrac{\sqrt{x+3}-2}{x-1}$

(7) $\lim\limits_{x\to\infty}\dfrac{x-x^2-6x^3}{2x-5x^2-3x^3}$

(8) $\lim\limits_{x\to\infty}\dfrac{\sqrt{2}x}{1+x^2}$

(9) $\lim\limits_{x\to\infty}\dfrac{x^5-2x^2+5x-6}{x^4+2x^2-3}$

(10) $\lim\limits_{x\to1}\left(\dfrac{1}{x-1}-\dfrac{2}{x^2-1}\right)$

$(11)\lim\limits_{n\to\infty}(\sqrt{n+1}-\sqrt{n})$ $(12)\lim\limits_{n\to\infty}(1+2+3+\cdots+n)$

$(13)\lim\limits_{n\to\infty}(1+\dfrac{1}{3}+\cdots+\dfrac{1}{3^n})$

2.4 两个准则和两个重要极限

2.4.1 极限存在的两个准则

准则1 若数列$\{x_n\}$,$\{y_n\}$及$\{z_n\}$满足下列条件:

(1)从某项开始,$y_n\leqslant x_n\leqslant z_n$;

(2)$\lim\limits_{n\to\infty}y_n=a$,$\lim\limits_{n\to\infty}z_n=a$.

则数列$\{x_n\}$的极限存在,且有$\lim\limits_{n\to\infty}x_n=a$.

数列极限存在准则可以推广到函数的极限.

准则1′ 对于函数$f(x)$,如果存在函数$g(x)$和$h(x)$,满足下列条件:

(1)当$x\to x_0$或$x\to\infty$时,有$g(x)\leqslant f(x)\leqslant h(x)$;

(2)$\lim\limits_{\substack{x\to x_0\\(x\to\infty)}}g(x)=A$,$\lim\limits_{\substack{x\to x_0\\(x\to\infty)}}h(x)=A$.

则有$\lim\limits_{\substack{x\to x_0\\(x\to\infty)}}f(x)=A$.

准则1和准则1′称为夹逼法则.

准则2 单调有界数列必有极限.

如果数列$\{x_n\}$满足条件$x_1\leqslant x_2\leqslant x_3\leqslant\cdots\leqslant x_n\leqslant x_{n+1}\leqslant\cdots$,就称数列$\{x_n\}$是单调递增的;如果数列$\{x_n\}$满足条件$x_1\geqslant x_2\geqslant x_3\geqslant\cdots\geqslant x_n\geqslant x_{n+1}\geqslant\cdots$,就称数列$\{x_n\}$是单调递减的.准则2表明若数列有界,并且是单调的,那么此数列的极限必定存在,即数列一定收敛.单调有界是数列收敛的充分条件.

准则2′ 设函数$f(x)$在点x_0的左侧(右侧)附近内单调并且有界,则$f(x)$在x_0处的左(右)极限必定存在.

2.4.2 两个重要极限

本节介绍的两个重要极限,事实上也就是两个求极限的公式.研究的重点是公式成立和使用公式的条件.

1)$\lim\limits_{x\to0}\dfrac{\sin x}{x}=1$

先作出函数$f(x)=\dfrac{\sin x}{x}$的图像(图2.11),然后看其变化趋势.

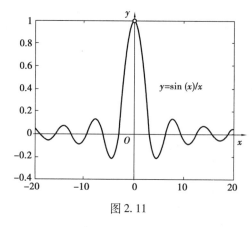

图 2.11

重要极限
的证明

从图形上可看出，当 $x \to 0$ 时，$y = \dfrac{\sin x}{x} \to 1$，即

$$\lim_{x \to 0} \frac{\sin x}{x} = 1$$

注 意

（1）以上公式是极限计算中的"$\dfrac{0}{0}$"型未定式，有两种表达形式：

$$\lim_{x \to 0} \frac{\sin x}{x} = 1 \quad 或 \quad \lim_{x \to 0} \frac{x}{\sin x} = 1$$

（2）常用的变形形式：

$$\lim \frac{\sin (\ )}{(\ )} = 1 \quad 或 \quad \lim \frac{(\ )}{\sin (\ )} = 1$$

（3）使用变形公式时必须满足：括号里面的变量要完全相同并且在 x 的变化过程中都趋近于 0.

【例 2.20】 求极限 $\lim\limits_{x \to 0} \dfrac{\sin 3x}{x}$.

【解】 $\lim\limits_{x \to 0} \dfrac{\sin 3x}{x} = \lim\limits_{t \to 0} 3 \dfrac{\sin 3x}{3x} = 3 \times 1 = 3$

【例 2.21】 求极限 $\lim\limits_{x \to 0} \dfrac{\sin 3x}{\sin 5x}$.

【解】 $\lim\limits_{x \to 0} \dfrac{\sin 3x}{\sin 5x} = \lim\limits_{x \to 0} \left(\dfrac{\sin 3x}{3x} \cdot \dfrac{5x}{\sin 5x} \cdot \dfrac{3}{5} \right)$

$\qquad = \dfrac{3}{5} \lim\limits_{x \to 0} \dfrac{\sin 3x}{3x} \cdot \lim\limits_{x \to 0} \dfrac{5x}{\sin 5x}$

$\qquad = \dfrac{3}{5} \times 1 \times 1 = \dfrac{3}{5}$

【例 2.22】 求极限$\lim\limits_{n \to \infty} 2^n \sin \dfrac{\pi}{2^n}$.

【解】 $\lim\limits_{n \to \infty} 2^n \sin \dfrac{\pi}{2^n} = \lim\limits_{n \to \infty} \dfrac{\sin \dfrac{\pi}{2^n}}{\dfrac{\pi}{2^n}} \pi = \pi$

【例 2.23】 求极限$\lim\limits_{x \to 1} \dfrac{x-1}{\sin(x^2-1)}$.

【解】 $\lim\limits_{x \to 1} \dfrac{x-1}{\sin(x^2-1)} = \lim\limits_{x \to 1} \dfrac{(x+1)(x-1)}{(x+1)\sin(x^2-1)}$

$$= \lim\limits_{x \to 1} \dfrac{1}{(x+1)} \dfrac{(x^2-1)}{\sin(x^2-1)} = \dfrac{1}{2}$$

【例 2.24】 求极限$\lim\limits_{x \to 0} \dfrac{1-\cos x}{x^2}$.

【解】 $\lim\limits_{x \to 0} \dfrac{1-\cos x}{x^2} = \lim\limits_{x \to 0} \dfrac{(1-\cos x)(1+\cos x)}{x^2(1+\cos x)}$

$$= \lim\limits_{x \to 0} \dfrac{(1-\cos^2 x)}{x^2(1+\cos x)} = \lim\limits_{x \to 0} \dfrac{\sin^2 x}{x^2(1+\cos x)}$$

$$= \lim\limits_{x \to 0} \left[\left(\dfrac{\sin x}{x} \right)^2 \dfrac{1}{(1+\cos x)} \right] = \dfrac{1}{2}$$

2)$\lim\limits_{x \to \infty} \left(1 + \dfrac{1}{x} \right)^x = e$

函数$y = \left(1 + \dfrac{1}{x} \right)^x$的图像如图 2.12 所示.

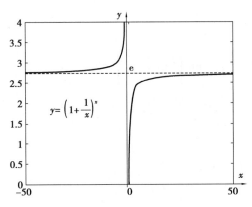

图 2.12

分析曲线的变化趋势,当$x \to \infty$时,函数$y = \left(1 + \dfrac{1}{x} \right)^x \to e$,即

$$\lim_{x \to \infty} \left(1 + \frac{1}{x}\right)^x = e$$

若令 $\frac{1}{x} = t$，则当 $x \to \infty$ 时，$t \to 0$. 于是有

$$\lim_{x \to \infty} \left(1 + \frac{1}{x}\right)^x = \lim_{t \to 0}(1 + t)^{\frac{1}{t}} = e$$

得到极限公式的另一常用形式

$$\lim_{x \to 0}(1 + x)^{\frac{1}{x}} = e$$

将公式中的 x 替换成 n，公式仍然成立，即

$$\lim_{n \to \infty} \left(1 + \frac{1}{n}\right)^n = e$$

注 意

（1）公式是幂指函数 $f(x)^{g(x)}$ 求极限，且底数趋近于 1、指数趋近于 ∞ 的"1^{∞}"型的极限未定式；

（2）常用变形形式：$\lim\left[1 + \frac{k}{(\ )}\right]^{\frac{(\ )}{k}} = e(k \neq 0)$，使用此公式时必须满足：括号里面的变量要完全相同并且在 x 的变化过程中都趋于 ∞；

（3）$\lim\left[1 + \frac{(\ )}{h}\right]^{\frac{h}{(\ )}} = e(h \neq 0)$，使用此公式时必须满足以下条件：括号里面的变量要完全相同并且在 x 的变化过程中都趋近于 0.

【例 2.25】 求极限 $\lim\limits_{x \to \infty}\left(1 + \frac{4}{x}\right)^x$.

【解】 方法 1：$\lim\limits_{x \to \infty}\left(1 + \frac{4}{x}\right)^x = \lim\limits_{x \to \infty}\left[\left(1 + \frac{4}{x}\right)^{\frac{x}{4}}\right]^4 = e^4$

方法 2：$\lim\limits_{x \to \infty}\left(1 + \frac{4}{x}\right)^x = \lim\limits_{x \to \infty}\left(1 + \frac{1}{\frac{x}{4}}\right)^x \xlongequal{\diamond t = \frac{x}{4}, x = 4t} \lim\limits_{t \to \infty}\left(1 + \frac{1}{t}\right)^{4t}$

$$= \left[\lim\limits_{t \to \infty}\left(1 + \frac{1}{t}\right)^t\right]^4 = e^4$$

【例 2.26】 求极限 $\lim\limits_{x \to 0}(1 - x)^{\frac{1}{x}}$.

【解】 $\lim\limits_{x \to 0}(1 - x)^{\frac{1}{x}} = \lim\limits_{x \to 0}\left[1 + (-x)\right]^{\frac{1}{x}} = \lim\limits_{x \to 0}\left\{\left[(1 + (-x))^{\frac{1}{-x}}\right]\right\}^{-1}$

$$= e^{-1} = \frac{1}{e}$$

【例 2.27】 求极限 $\lim\limits_{x\to\infty}\left(\dfrac{x+1}{x-1}\right)^x$.

【解】 方法 1： $\lim\limits_{x\to\infty}\left(\dfrac{x+1}{x-1}\right)^x=\lim\limits_{x\to\infty}\left(\dfrac{1+\dfrac{1}{x}}{1-\dfrac{1}{x}}\right)^x=\dfrac{\lim\limits_{x\to\infty}\left(1+\dfrac{1}{x}\right)^x}{\lim\limits_{x\to\infty}\left[\left(1-\dfrac{1}{x}\right)^{-x}\right]^{-1}}=\dfrac{\mathrm{e}}{\mathrm{e}^{-1}}=\mathrm{e}^2$

方法 2： $\lim\limits_{x\to\infty}\left(\dfrac{x+1}{x-1}\right)^x=\lim\limits_{x\to\infty}\left(1+\dfrac{2}{x-1}\right)^x$

$$=\lim_{x\to\infty}\left\{\left[\left(1+\dfrac{2}{x-1}\right)^{\frac{x-1}{2}}\right]^2\left(1+\dfrac{2}{x-1}\right)\right\}$$

$$=\mathrm{e}^2$$

习题 2.4

求下列各极限.

(1) $\lim\limits_{x\to 0}\dfrac{\tan x}{x}$

(2) $\lim\limits_{x\to 0}\dfrac{\sin 8x}{\sin 3x}$

(3) $\lim\limits_{n\to\infty}4^n\sin\dfrac{\pi}{4^n}$

(4) $\lim\limits_{x\to 2}\dfrac{\sin(x^2-4)}{x-2}$

(5) $\lim\limits_{x\to\infty}\left(1+\dfrac{2}{x}\right)^{-x}$

(6) $\lim\limits_{x\to 0}(1-2x)^{\frac{1}{x}}$

(7) $\lim\limits_{x\to\infty}\left(\dfrac{x}{1+x}\right)^x$

(8) $\lim\limits_{x\to\frac{\pi}{2}}(1-\cos x)^{\frac{4}{\sec x}}$

第3章 函数的连续性

函数的变化趋势有两种情况:一种是函数随自变量连续不断地变化,如一天中气温、江河中的水流都是随着时间连续不断地变化着的,其函数图像是一条连续不断的曲线,我们称其为"连续";另一种是函数随自变量跳跃地变化,如地震把连绵起伏的地面撕开一条裂缝,其函数图像在某点处"断开"了,我们称其为"不连续"或"间断".本章将讨论函数的连续与间断的概念及判断方法.

3.1 函数 $y=f(x)$ 在 x_0 点的连续性

3.1.1 变量的增量

与函数连续密切相关的一个重要概念是变量的增量.在给出函数连续的定义之前,有必要先了解变量的增量的概念.

定义 3.1 如果变量 u 从初值 u_1 变到终值 u_2,那么终值与初值之差 u_2-u_1 称为变量的增量,记为 Δu,即 $\Delta u = u_2 - u_1$,如图 3.1 所示.

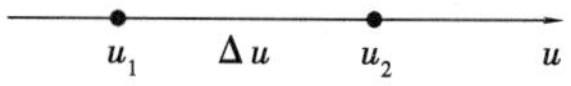

图 3.1

变量 u 的增量 Δu 是一个具有方向性不可分割的整体记号;增量 Δu 可以是正数,也可以是负数或零.其正、负表示与规定方向相同或相反.

函数有自变量和因变量两个变量,当自变量改变时,相应地因变量也随之改变,因此与函数相联系的有两个增量.

设函数 $y=f(x)$ 在区间 (a,b) 上有定义,当自变量 x 由 x_0 变化到 x 时,记 $\Delta x = x - x_0$,称为自变量的增量;相应地,函数 $y=f(x)$ 由初值 $f(x_0)$ 变到终值 $f(x)$,记

$$\Delta y = f(x) - f(x_0) \quad \text{或} \quad \Delta y = f(x_0 + \Delta x) - f(x_0)$$

称为函数的增量.两个增量之比

$$\frac{\Delta y}{\Delta x} = \frac{f(x) - f(x_0)}{\Delta x} \quad \text{或} \quad \frac{\Delta y}{\Delta x} = \frac{f(x_0 + \Delta x) - f(x_0)}{\Delta x}$$

称为函数 $y=f(x)$ 的平均变化率.

函数增量的几何意义如图 3.2 所示.

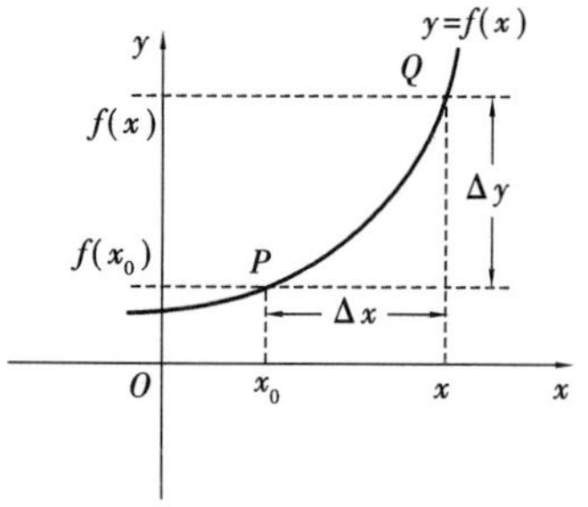

【例 3.1】 设函数 $y = x^2 + 2x$,在下列条件下,求增量 Δx,Δy 和平均变化率 $\dfrac{\Delta y}{\Delta x}$.

图 3.2

（1）当 x 从 1 变到 1.1 时；

（2）当 x 从 1 变到 0.5 时.

【解】　（1）$\Delta x = 1.1 - 1 = 0.1$

$$\Delta y = f(1.1) - f(1) = 3.41 - 3 = 0.41$$

平均变化率　$\dfrac{\Delta y}{\Delta x} = \dfrac{0.41}{0.1} = 4.1$

（2）$\Delta x = 0.5 - 1 = -0.5$

$$\Delta y = f(0.5) - f(1) = -1.75$$

平均变化率　$\dfrac{\Delta y}{\Delta x} = \dfrac{-1.75}{-0.5} = 3.5$

3.1.2　函数 $y = f(x)$ 在 x_0 点的连续性

考察下面两个函数的图像在给定点 x_0 处及其附近曲线变化的情况. 如图 3.3(a)所示为一条连续的曲线，而图 3.3(b)所示则为一条不连续（或间断）的曲线.

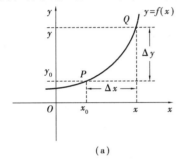
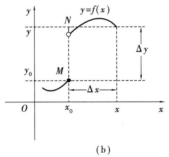

（a）　　　　　　　　　　　　（b）

图 3.3

自变量从 x_0 变到 x，有增量 Δx，相应地函数的增量 $\Delta y = f(x) - f(x_0) = y - y_0$. 当 Δx 趋近于 0 时，图 3.3(a)中的 Δy 也随之趋近于 0；而图 3.3(b)中的 Δy 却趋向于 MN，不趋近于 0，即等于跳跃的长度 MN. 这样直观上从图 3.3(a)中曲线的变化看出函数 $y = f(x)$ 在点 x_0 处连续，而从图 3.3(b)中看出函数 $y = f(x)$ 在点 x_0 处不连续（或间断）. 下面给出函数在 x_0 点处连续的定义.

定义 3.2　设函数 $y = f(x)$ 在点 x_0 及其邻域内有定义，如果当自变量 x 在点 x_0 的增量 Δx 趋近于 0 时，相应地，函数 $y = f(x)$ 的增量 $\Delta y = f(x_0 + \Delta x) - f(x_0)$ 也趋近于 0，即

$$\lim_{\Delta x \to 0} \Delta y = \lim_{\Delta x \to 0} [f(x_0 + \Delta x) - f(x_0)] = 0$$

则称函数 $y = f(x)$ 在点 x_0 处连续；否则就称函数 $y = f(x)$ 在点 x_0 处不连续（或间断），称 x_0 为间断点.

又因为 $\Delta x = x - x_0$，$\Delta y = f(x) - f(x_0)$，当 $\Delta x \to 0$ 时有 $x \to x_0$，当 $\Delta y \to 0$ 时有 $f(x) \to f(x_0)$. 因此，函数在 x_0 点处是否连续又可定义如下：

定义 3.3　设函数 $y = f(x)$ 在点 x_0 处及其邻域内有定义，如果有

$$\lim_{x \to x_0} f(x) = f(x_0)$$

则称函数 $y=f(x)$ 在点 x_0 处连续；否则就称函数 $y=f(x)$ 在点 x_0 处不连续（或间断）.

分析定义 3.3 可得出一个非常实用的结论：函数 $y=f(x)$ 在点 x_0 处连续的充分必要条件是：

（1）函数 $y=f(x)$ 在 x_0 点有定义；

（2）$\lim\limits_{x \to x_0} f(x)$ 存在；

（3）$\lim\limits_{x \to x_0} f(x) = f(x_0)$.

如果上述三个条件中任意一个条件不满足，那么 $y=f(x)$ 在 x_0 点处就不连续（或间断），x_0 点是函数的间断点，从而得出了函数间断点的判断方法.

【例 3.2】 证明函数 $y=3x^2+1$ 在点 $x=1$ 处连续.

【解】 因为 $f(x)$ 在点 $x=1$ 处有定义，且 $f(1)=3\times 1^2+1=4$.

又因为 $\lim\limits_{x \to 1} f(x) = \lim\limits_{x \to 1}(3x^2+1)=4$，即得 $\lim\limits_{x \to 1} f(x)=f(1)=4$，所以函数 $y=3x^2+1$ 在点 $x=1$ 处连续.

3.1.3 函数 $y=f(x)$ 在 x_0 点的左、右连续

通过前面的学习可知，函数在 x_0 点的极限存在的充分必要条件是左、右极限均存在且相等，即

$$\lim_{x \to x_0} f(x) = A \Leftrightarrow \lim_{x \to x_0^-} f(x) = \lim_{x \to x_0^+} f(x) = A$$

下面给出函数左右连续的定义.

左连续：若函数 $y=f(x)$ 在点 x_0 及其左侧邻域内有定义，且 $\lim\limits_{x \to x_0^-} f(x)=f(x_0)$，则称函数 $f(x)$ 在点 x_0 处左连续.

右连续：若函数 $y=f(x)$ 在点 x_0 及其右侧邻域内有定义，且 $\lim\limits_{x \to x_0^+} f(x)=f(x_0)$，则称函数 $f(x)$ 在点 x_0 处右连续.

定理 3.1 函数 $f(x)$ 在点 x_0 处连续的充分必要条件是 $f(x)$ 在点 x_0 处既左连续又右连续，即函数 $f(x)$ 在点 x_0 处连续 $\Leftrightarrow \lim\limits_{x \to x_0^-} f(x) = \lim\limits_{x \to x_0^+} f(x)=f(x_0)$.

在讨论分段函数在分段点 x_0 处的连续性时，用此充分必要条件极为方便.

【例 3.3】 作出函数 $f(x)=\begin{cases} 1 & x>1 \\ x & -1 \le x \le 1 \end{cases}$ 的图像，并讨论函数 $f(x)$ 在点 $x=1$ 处的连续性.

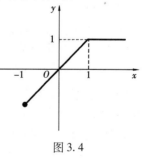

图 3.4

【解】 函数 $f(x)$ 在 $[-1,+\infty)$ 内有定义，$f(x)$ 的图像如图 3.4 所示.

因 $x=1$ 是函数的分段点，且 $f(1)=1$，可得：

左极限 $f(1-0)=\lim\limits_{x \to 1^-} f(x) = \lim\limits_{x \to 1^-} x = 1$

右极限 $f(1+0)=\lim\limits_{x \to 1^+} f(x) = \lim\limits_{x \to 1^+} 1 = 1$

于是有 $f(1-0)=f(1+0)=f(1)=1$，所以函数 $f(x)$ 在点 $x=1$ 处连续.

【例3.4】 讨论下列各函数在指定点处的连续性.

(1)$f(x)=\dfrac{x^2-1}{x-1}$,在$x=1$处;

(2)$f(x)=\begin{cases} x+1 & x>0 \\ 2 & x=0 \\ e^x & x<0 \end{cases}$,在$x=0$处.

【解】 (1)因为$f(x)$在$x=1$处无定义,所以$x=1$为函数$f(x)=\dfrac{x^2-1}{x-1}$的间断点,如图3.5所示.

(2)因为$f(x)$在$x=0$处有定义,且$f(0)=2$,可得:

左极限 $\lim\limits_{x\to 0^-}f(x)=\lim\limits_{x\to 0^-}e^x=1$

右极限 $\lim\limits_{x\to 0^+}f(x)=\lim\limits_{x\to 0^+}(1+x)=1$

由于$\lim\limits_{x\to 0^-}f(x)=\lim\limits_{x\to 0^+}f(x)\neq f(0)$,所以$x=0$是函数$f(x)$的间断点,如图3.6所示.

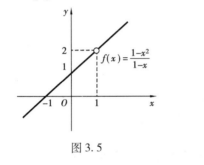

图3.5

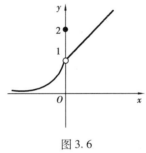

图3.6

【例3.5】 设函数$f(x)=\begin{cases} \dfrac{\sin ax}{x} & x\neq 0 \\ 3x^2+1 & x=0 \end{cases}$ 在$x=0$点处连续,求a的值.

【解】 因为函数在$x=0$点处有定义且$f(0)=1$,又因为函数在$x=0$点的左右表达式相同,所以可以直接求极限

$$\lim_{x\to 0}f(x)=\lim_{x\to 0}\frac{\sin ax}{x}=\lim_{x\to 0}\frac{\sin ax}{ax}a=a$$

由函数在$x=0$点连续,必须$\lim\limits_{x\to 0}f(x)=f(0)$,得出$a=1$.

习题 3.1

1.设函数$y=3x^2-1$,分别求下列条件下自变量x的增量,函数y的增量以及函数的平均变化率.

(1)当x从1变到1.5时;

(2)当x从1变到0.5时.

2. 作函数 $f(x)=\begin{cases} 3x & x\leqslant 2 \\ x^2+2 & x>2 \end{cases}$ 的图像，并讨论函数在 $x=2$ 处的连续性.

3. 设函数 $f(x)=\begin{cases} \dfrac{\sin 3x}{x} & x<0 \\ 2x+k & 0\leqslant x<1 \\ \dfrac{4}{x} & 1\leqslant x \end{cases}$，试讨论：

（1）k 为何值时，函数在点 $x=0$ 处连续？

（2）当函数在点 $x=0$ 处连续时，在点 $x=1$ 处是否连续？

3.2 函数 $y=f(x)$ 在区间上的连续性

3.2.1 函数 $y=f(x)$ 在区间上连续的定义

定义 3.4 如果函数 $f(x)$ 在开区间 (a,b) 内每一点都连续，则称 $f(x)$ 在开区间 (a,b) 内连续，开区间 (a,b) 称为函数 $f(x)$ 的连续区间，函数是开区间 (a,b) 内的连续函数.

定义 3.5 若函数 $y=f(x)$ 在开区间 (a,b) 内连续，且 $\lim\limits_{x\to a^+}f(x)=f(a)$（$a$ 点右连续），$\lim\limits_{x\to b^-}f(x)=f(b)$（$b$ 点左连续），则称函数 $f(x)$ 在闭区间 $[a,b]$ 上连续.

在几何上，连续函数在其连续区间内的图像是一条连续不间断的曲线.

3.2.2 初等函数的连续性

性质 1 若函数 $f(x)$ 与 $g(x)$ 都是连续函数，那么它们的和、差、积、商（分母不等于 0）仍是连续函数.

性质 2 若函数 $y=f(u)$，$u=\varphi(x)$ 都是连续函数，那么其复合函数 $y=f[\varphi(x)]$ 也是连续函数，并且在连续点 x_0 处有

$$\lim\limits_{x\to x_0}f[\varphi(x)]=f\left[\lim\limits_{x\to x_0}\varphi(x)\right]=f[\varphi(x_0)]$$

求复合函数的极限 $\lim\limits_{x\to x_0}f[\varphi(x)]$ 时，函数值的计算与极限的计算可以交换顺序.

利用连续函数的定义可以证明，基本初等函数在其定义区间上都是连续的. 再由上述性质 1、性质 2 得出以下定理：

定理 3.2 初等函数在其定义区间内都是连续的.（证明略）

如果函数 $f(x)$ 是初等函数，x_0 是它定义域内任意一点，由定理 3.2 知 $f(x)$ 在点 x_0 处连续，即有 $\lim\limits_{x\to x_0}f(x)=f(x_0)$. 因此在求 $\lim\limits_{x\to x_0}f(x)$ 的极限时，只需计算 $f(x_0)$ 的值就可以了.

【例3.6】 求下列极限.

$(1) \lim\limits_{x \to -1} \dfrac{3x+1}{x^2+1}$ $(2) \lim\limits_{x \to 0} \dfrac{\sin x}{3x-1}$ $(3) \lim\limits_{x \to 2} \dfrac{x-2}{x^3-8}$

【解】 （1）-1 是函数 $f(x)=\dfrac{3x+1}{x^2+1}$ 定义域中的点，所以

$$\lim_{x \to -1} \frac{3x+1}{x^2+1} = \frac{-3+1}{1+1} = -1$$

（2）0 是函数 $f(x)=\dfrac{\sin x}{3x-1}$ 定义域中的点，所以

$$\lim_{x \to 0} \frac{\sin x}{3x-1} = \frac{0}{-1} = 0$$

（3）函数 $f(x)=\dfrac{x-2}{x^3-8}$ 在 $x=2$ 处无定义，不能将 $x=2$ 代入函数计算. 应先对 $f(x)$ 作变形，再求极限.

$$\begin{aligned} \lim_{x \to 2} \frac{x-2}{x^3-8} &= \lim_{x \to 2} \frac{x-2}{(x-2)(x^2+2x+4)} \\ &= \lim_{x \to 2} \frac{1}{x^2+2x+4} \\ &= \lim_{x \to 2} \frac{1}{4+4+4} = \frac{1}{12} \end{aligned}$$

性质3 若函数 $u=\varphi(x)$，当 $x \to x_0$ 时极限存在且等于 a，即 $\lim\limits_{x \to x_0} \varphi(x)=a$，且 $y=f(u)$ 在点 $u=a$ 处连续，则复合函数 $y=f[\varphi(x)]$ 当 $x \to x_0$ 时的极限存在，且等于 $f(a)$.（证明略）
$$\lim_{x \to x_0} f[\varphi(x)] = f[\lim_{x \to x_0} \varphi(x)] = f(a)$$

在满足性质3的条件下，求复合函数 $f[\varphi(x)]$ 的极限时，极限符号 $\lim$ 可以和函数符号 f 交换运算顺序.

【例3.7】 求极限 $\lim\limits_{x \to \frac{\pi}{9}} \ln(2\sin 3x)$.

【解】 $\lim\limits_{x \to \frac{\pi}{9}} \ln(2\sin 3x) = \ln[\lim\limits_{x \to \frac{\pi}{9}} (2\sin 3x)]$

$$= \ln(2\sin \frac{\pi}{3}) = \ln\sqrt{3} = \frac{1}{2}\ln 3$$

【例3.8】 求极限 $\lim\limits_{x \to 0} a^{\ln(1-\sin x)}$.

【解】 $\lim\limits_{x \to 0} a^{\ln(1-\sin x)} = a^{\lim\limits_{x \to 0} [\ln(1-\sin x)]}$

$$= a^{\ln(1-\sin 0)} = a^0 = 1$$

关于 0^0 的思考

由指数函数的定义以及幂运算规则可知：当 $a \neq 0$ 时，$a^0 = 1$；且当 $n > 0$ 时，$0^n = 0$. 但这两个运算法则如果推广到 0^0，就会得到矛盾的结果. 为了考虑 0^0 的值，我们可以考虑函数 $y = x^x$ 在 $x \rightarrow 0^+$ 时的极限值. 不妨取一些 x 的值，得到如下函数值的变化.

x	0.1	0.01	0.001	0.000 1	0.000 01	0.000 001	0.000 000 1	0.000 000 01
$y = x^x$	0.794 328	0.954 993	0.993 116	0.999 079	0.999 885	0.999 986	0.999 998 388	0.999 999 816

由表中的数据可以看出，$\lim\limits_{x \rightarrow 0^+} x^x = 1$（在后面洛必达法则部分会给出严格的计算过程）. 如果希望函数 $y = x^x$ 在 $x = 0$ 点有定义并且连续，那么根据函数连续的定义可知 $\lim\limits_{x \rightarrow 0^+} x^x = 1 = f(0)$，因此我们可定义 $0^0 = 1$.

习题 3.2

利用函数的连续性求下列极限.

$(1) \lim\limits_{x \rightarrow 0} \sqrt{2x^2 - 3x + 2}$

$(2) \lim\limits_{x \rightarrow 0} \dfrac{6 + x \sin x - \cos 2x}{\sin^2 \left(x + \dfrac{\pi}{6} \right)}$

$(3) \lim\limits_{x \rightarrow 0} \dfrac{x}{\sqrt{x + 4} - 2}$

$(4) \lim\limits_{x \rightarrow \infty} \left(\dfrac{3x + 1}{x - 2} \right)^2$

3.3　函数的间断点及分类

由定义 3.3 可知，函数 $f(x)$ 在点 x_0 处连续应同时具备 3 个条件：

(1) 函数在点 x_0 处及其邻域内有定义；

(2) 极限 $\lim\limits_{x \rightarrow x_0} f(x)$ 存在；

(3) $\lim\limits_{x \rightarrow x_0} f(x) = f(x_0)$.

如果函数 $f(x)$ 在点 x_0 处不连续，称点 x_0 是函数的不连续点或间断点.

间断点的判定：若函数 $f(x)$ 在点 x_0 处满足下列 3 个条件之一，则 x_0 就是函数的间断点.

(1) 函数 $f(x)$ 在点 x_0 处无定义；

（2）极限$\lim\limits_{x\to x_0}f(x)$不存在；

（3）$\lim\limits_{x\to x_0}f(x)\neq f(x_0)$.

【例3.9】 讨论下列函数的间断点.

$$(1)f(x)=\begin{cases}2x+1 & x\geqslant0\\ x-1 & x<0\end{cases} \qquad (2)f(x)=\begin{cases}2x+3 & x>0\\ 5 & x=0\\ e^x+2 & x<0\end{cases}$$

【解】 （1）求函数在$x=0$处的左右极限.

左极限 $\lim\limits_{x\to0^-}f(x)=\lim\limits_{x\to0^-}(x-1)=-1$

右极限 $\lim\limits_{x\to0^+}f(x)=\lim\limits_{x\to0^+}(2x+1)=1$

即$\lim\limits_{x\to0^+}f(x)\neq\lim\limits_{x\to0^-}f(x)$，故$\lim\limits_{x\to0}f(x)$不存在，因此$x=0$为函数的间断点.

（2）因为$f(x)=\begin{cases}2x+3 & x>0\\ 5 & x=0\\ e^x+2 & x<0\end{cases}$在$x=0$处有定义，且$f(0)=5$，可得

左极限 $f(0-0)=\lim\limits_{x\to0^-}f(x)=\lim\limits_{x\to0^-}(e^x+2)=3$

右极限 $f(0+0)=\lim\limits_{x\to0^+}f(x)=\lim\limits_{x\to0^+}(2x+3)=3$

即$f(0-0)=f(0+0)=3$，而$\lim\limits_{x\to0}f(x)=3\neq f(0)=5$，所以$x=0$是函数$f(x)$的间断点.

函数间断点的几种常见类型见表3.1和表3.2.

表3.1 第一类间断点

可去间断点	跳跃间断点
（1）$\lim\limits_{x\to x_0}f(x)$存在，但$f(x)$在$x_0$处无定义； （2）$\lim\limits_{x\to x_0}f(x)$存在，但$\lim\limits_{x\to x_0}f(x)\neq f(x_0)$	$f(x_0-0)$与$f(x_0+0)$都存在， 但$f(x_0-0)\neq f(x_0+0)$

表3.2 第二类间断点

无穷间断点	其他
$\lim\limits_{x\to x_0}f(x)=\infty$	不属于前述各种情况的其他情况

在例3.9中，尽管$x=0$都是间断点，但间断点的性质不一样. （1）题中间断点$x=0$是跳跃间断点；（2）题中间断点$x=0$是可去间断点。

注　意

凡是可去间断点，均可补充或改变函数在该点的定义，使函数在该点连续.

如例 3.9(2)中改变函数在 $x=0$ 点处的定义，令 $f(0)=3$，函数在 $x=0$ 点处就连续了．

【例 3.10】 求下列函数的间断点，并指明类型．

$$(1)f(x)=\frac{x^2-1}{x^2-3x+2} \qquad (2)f(x)=\begin{cases} \dfrac{1}{x+1} & x<1 \\ 1 & x=1 \\ \dfrac{\sqrt{x}-1}{x-1} & x>1 \end{cases}$$

【解】 （1）因为 $f(x)=\dfrac{x^2-1}{x^2-3x+2}=\dfrac{x^2-1}{(x-2)(x-1)}$ 在 $x_1=1$，$x_2=2$ 处没有定义，

则 $x_1=1$，$x_2=2$ 是间断点．

又因为 $\lim\limits_{x\to 1}\dfrac{x^2-1}{x^2-3x+2}=\lim\limits_{x\to 1}\dfrac{(x+1)(x-1)}{(x-2)(x-1)}=\lim\limits_{x\to 1}\dfrac{x+1}{x-2}=-2$

所以 $x_1=1$ 是函数的可去间断点．

而 $\lim\limits_{x\to 2}\dfrac{x^2-1}{x^2-3x+2}=\lim\limits_{x\to 2}\dfrac{x+1}{x-2}=\infty$

所以 $x_2=2$ 是函数的无穷间断点．

（2）因为函数在 $x=1$ 处有定义，且 $f(1)=1$，而

$$f(1-0)=\lim\limits_{x\to 1^-}f(x)=\lim\limits_{x\to 1^-}\frac{1}{x+1}=\frac{1}{2}$$

$$f(1+0)=\lim\limits_{x\to 1^+}f(x)=\lim\limits_{x\to 1^+}\frac{\sqrt{x}-1}{x-1}=\lim\limits_{x\to 1^+}\frac{1}{\sqrt{x}+1}=\frac{1}{2}$$

由 $f(1-0)=f(1+0)$ 得 $\lim\limits_{x\to 1}f(x)=\dfrac{1}{2}$，即

$$\lim\limits_{x\to 1}f(x)=\frac{1}{2}\neq f(1)=1$$

所以 $x=1$ 是函数的间断点且为可去间断点．

习题 3.3

1．讨论函数 $y=\dfrac{x-1}{x^2+4x-5}$ 的间断点及其类型．

2．讨论函数 $f(x)=\begin{cases} x^2+3 & x<0 \\ 2 & x=0 \\ x+3 & x>0 \end{cases}$ 在 $x=0$ 点处的连续性，若不连续，说明间断点类型．

3．讨论函数 $f(x)=\begin{cases} 2x+3 & x<1 \\ \ln x+3 & x\geqslant 1 \end{cases}$ 在 $x=1$ 点处的连续性，若不连续，说明间断点类型．

3.4 闭区间[a,b]上连续函数的性质

正弦函数 $y=\sin x$ 是有界函数,且 $|\sin x|\leqslant 1$,在其连续区间 $[0,2\pi]$ 上有 $\sin\dfrac{\pi}{2}=1$,$\sin\dfrac{3\pi}{2}=-1$,也就是说在 $[0,2\pi]$ 能够取到最大值 1 和最小值 -1;而函数 $y=\dfrac{1}{x}$ 在它的连续区间 $(0,1]$ 上能够取到最小值 1 但无最大值. 下面的定理给出了连续函数最大值、最小值存在的条件.

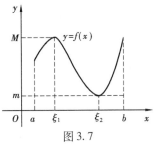

图 3.7

定理 3.3(最值定理) 在闭区间 $[a,b]$ 上的连续函数 $f(x)$,在 $[a,b]$ 上一定能够取到它的最大值与最小值.

如图 3.7 所示,函数 $y=f(x)$ 在 $[a,b]$ 上连续,在 $x=\xi_1$ 处取得最大值 $f(\xi_1)=M$,在 $x=\xi_2$ 处取得最小值 $f(\xi_2)=m$.

注 意

(1)如果连续区间不是闭区间而是开区间,定理 3.3 不一定成立;

(2)如果函数在闭区间上有间断点,定理 3.3 也不一定成立.

定理 3.4(介值定理) 如果函数 $y=f(x)$ 在闭区间 $[a,b]$ 上连续,且在此区间的端点取得不同的函数值

$$f(a)=A,f(b)=B \quad (A\neq B)$$

那么对介于 A 与 B 之间的任意一个实数 C,在开区间 (a,b) 内至少存在一点 ξ,使得

$$f(\xi)=C(a<\xi<b) \quad (证明略)$$

定理 3.4 的几何解释:如图 3.8 所示,$y=f(x)$ 在闭区间 $[a,b]$ 上连续,曲线与水平直线 $y=C(A<C<B)$ 至少相交于一点,交点坐标为 $[\xi,f(\xi)]$,则在交点处的纵坐标等于 C,即 $f(\xi)=C$.

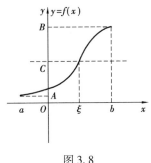

图 3.8

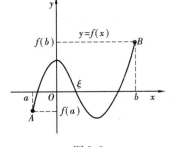

图 3.9

推论（根的存在定理或零点定理）　如果函数 $y=f(x)$ 在闭区间 $[a,b]$ 上连续，且 $f(a)$ 与 $f(b)$ 异号，则在开区间 (a,b) 内至少存在一点 ξ，使得

$$f(\xi)=0$$

即方程 $f(x)=0$ 在 (a,b) 内至少存在一个实数根 ξ.

推论的几何解释：如图 3.9 所示，如果点 A 与点 B 分别在 x 轴上下两侧，则连接 A,B 的曲线 $y=f(x)$ 至少与 x 轴有一个交点 $(\xi,0)$，即在交点处有 $f(\xi)=0$.

【例 3.11】　证明三次代数方程 $x^3-4x^2+1=0$ 在区间 $(0,1)$ 内至少有一个实数根.

【证明】　令 $f(x)=x^3-4x^2+1$，因为 $f(x)=x^3-4x^2+1$ 是初等函数，所以它在 $[0,1]$ 上连续，且 $f(0)=1>0$，$f(1)=-2<0$，由根的存在定理可知，在 $(0,1)$ 内至少有一点 ξ，使得 $f(\xi)=0$，即有 $\xi^3-4\xi^2+1=0\,(0<\xi<1)$. 等式说明方程 $x^3-4x^2+1=0$ 在 $(0,1)$ 内至少有一个实数根 $x=\xi$.

习题 3.4

证明方程 $x^5-5x^3+1=0$ 在区间 $(0,1)$ 内至少有一个实数根.

综合练习题 1

1. 填空题.

（1）函数 $f(x)=\begin{cases} 2x^2+5 & x<1 \\ 2 & x=1 \\ 8x-1 & x>1 \end{cases}$，则 $\lim\limits_{x\to 1}f(x)$ 为 _____.

（2）分段函数 $f(x)=\begin{cases} x+2 & 0<x<1 \\ 1-2x & 1<x<2 \end{cases}$ 的定义域为 _____.

（3）设 $f(x-1)=\dfrac{x^2-2}{x+3}$，则 $f(3)=$ _____.

（4）若 $x\to x_0$ 时，$f(x)$ 为无穷大量，则 $\dfrac{1}{f(x)}$ 为 _____.

（5）$\lim\limits_{x\to 0}x\sin\dfrac{5}{x}=$ _____.

（6）函数 $\begin{cases} a+3x & x<0 \\ 2\cos x+4 & x\geqslant 0 \end{cases}$ 在 $x=0$ 点处连续，则 $a=$ _____.

（7）若 $\lim\limits_{x\to 1}f(x)=A$，则 $f(1+0)=$ _____.

（8）复合函数 $y=e^{\lg^2(x+5)}$ 的复合过程是 _____.

2. 单项选择题.

（1）下列极限中正确的是(　　).

A. $\lim\limits_{x\to 0} \dfrac{\sin x}{x} = 1$　　　　　　　　B. $\lim\limits_{x\to \infty} \dfrac{\sin x}{x} = 1$

C. $\lim\limits_{x\to \infty}(1+x)^{\frac{1}{x}} = e$　　　　　　　D. $\lim\limits_{x\to 0}\left(1+\dfrac{1}{x}\right)^{x} = e$

（2）下列式子中是复合函数的是(　　).

A. $y = \log_3 x$　　　　　　　　　B. $y = 7\tan x - 5$

C. $y = \dfrac{1}{x^4}$　　　　　　　　　　　D. $y = e^{3x}$

（3）复合函数 $y = \tan^2 x^3$ 的复合过程是(　　).

A. $y = \tan u, u = v^2, v = x^3$　　　B. $y = u^2, u = \tan v, v = x^3$

C. $y = u^2, u = \tan x^3$　　　　　　D. $y = u^2, u = \tan v, v = w^3, w = x$

（4）$\lim\limits_{x\to \frac{\pi}{2}} \dfrac{\sin x}{x} = ($　　).

A. 1　　　　　　B. 0　　　　　　C. π　　　　　　D. $\dfrac{2}{\pi}$

（5）$\lim\limits_{x\to \infty} \dfrac{\sin x}{x} + \lim\limits_{x\to \infty} \dfrac{x+\cos x}{x+\sin x} = ($　　).

A. 1　　　　　　B. 0　　　　　　C. 2　　　　　　D. 不存在

（6）$\lim\limits_{x\to \infty}\left(x\sin \dfrac{1}{x}\right) = ($　　).

A. 1　　　　　　B. 0　　　　　　C. ∞　　　　　　D. -1

（7）$\lim\limits_{n\to \infty}\left[\sqrt{n}\left(\sqrt{n+1} - \sqrt{n-1}\right)\right] = ($　　).

A. 0　　　　　　B. 1　　　　　　C. 2　　　　　　D. 不存在

（8）若 $f(x_0)$ 在 x_0 处连续,则下列说法错误的是(　　).

A. $\dfrac{1}{f(x)}$ 在 x_0 处必连续　　　　B. $f(x_0)$ 必存在

C. $\lim\limits_{x\to x_0} f(x)$ 必存在　　　　　　D. $\lim\limits_{x\to x_0} f(x) = f(x_0)$

3. 求下列函数的定义域.

（1）$y = \dfrac{\sqrt[3]{x+3}}{x^2-7x-8}$　　　　　　　（2）$y = e^{\sqrt{2x-1}}$

（3）$y = \ln(1-x^2) - \dfrac{x^3-x-1}{5x}$　　　　（4）$y = \arcsin(3x+1) + \sqrt{|x|-4}$

4. 求下列函数的极限.

（1）$\lim\limits_{x\to \frac{\pi}{6}}(\tan 2x)^2$　　　　　　　（2）$\lim\limits_{x\to 2} \dfrac{x^2-4}{\sqrt{x-1}-1}$

（3）$\lim\limits_{x\to 1} \dfrac{x^3-1}{x^2-1}$　　　　　　　（4）$\lim\limits_{x\to \infty} \dfrac{\sqrt{x^2+1}}{2x+1}$

$(5) \lim\limits_{x \to \infty} \left(\dfrac{x-2}{x} \right)^{3x}$

$(6) \lim\limits_{x \to 0} \left(\dfrac{1+x}{1-x} \right)^{\frac{1}{x}}$

$(7) \lim\limits_{x \to 0} \dfrac{\sin 4x}{\sin 5x}$

$(8) \lim\limits_{x \to 0} \dfrac{2x^2}{\sin^2 \dfrac{x}{2}}$

$(9) \lim\limits_{x \to 0} (1-x)^{\frac{2}{x}}$

$(10) \lim\limits_{x \to \infty} 4x \sin \dfrac{2}{x}$

5. 写出下列复合函数的复合过程.

$(1) y = \sqrt{1-2\sin^2 x}$

$(2) y = \dfrac{1}{2} \log_2 (2+\cos 2x)$

$(3) y = (1+x^2)^{\frac{1}{3}}$

6. 设函数 $y = \begin{cases} b+2x & x<0 \\ 2\sin x+3 & x \geqslant 0 \end{cases}$ 在 $x=0$ 点处连续, 求 b 的值.

7. 设 $f(x) = \begin{cases} 1+x & 0 \leqslant x \leqslant 1 \\ x^2 & x>1 \end{cases}$, 作函数 $f(x)$ 的图像, 并讨论 $f(x)$ 在 $x=1$ 和 $x=2$ 处的连续性.

8. 某工厂生产某产品的年产量为 x 台, 每台售价 500 元, 当年产量超过 800 台时, 超过部分只能按 9 折出售, 这样可多售出 200 台, 如果年产量再增加, 本年就销售不出去了. 求本年的收益函数.

模块 **2**

微分学

第 **4** 章 函数的导数

微分学是微积分的重要组成部分,它的基本概念是导数与微分. 导数的本质是研究具有函数关系的变量之间的瞬时变化率,反映当自变量的增量趋于 0 的过程中函数的变化性态. 导数有着广泛的应用,物理学、几何学、经济学等学科中的一些重要概念都可以用导数来表示. 例如,导数可以表示运动物体的瞬时速度和加速度,可以表示曲线在一点的斜率,还可以表示经济学中的边际成本等.

本章我们主要讨论导数的概念及其运算,导数的应用以及微分的相关知识将在后续章节介绍.

4.1 导数的概念

4.1.1 引例

1)求曲线的切线斜率

求曲线 $y=f(x)$ 上给定点 $M(x_0,y_0)$ 处的切线斜率,如图 4.1 所示.

首先,当自变量在 x_0 处有增量 $\Delta x (\Delta x \neq 0)$ 时,相应的函数增量 $\Delta y = f(x_0+\Delta x)-f(x_0)$,对应曲线上另外一点 $M_1(x_0+\Delta x,y_0+\Delta y)$,在直角三角形 MM_1N 中割线 MM_1 的斜率为

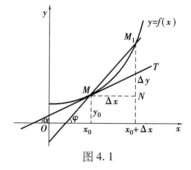

图 4.1

$$K_{MM_1}=\tan \varphi=\frac{\Delta y}{\Delta x}=\frac{f(x_0+\Delta x)-f(x_0)}{\Delta x}$$

其次,由图 4.1 可见,当 $\Delta x \to 0$ 时,割线 MM_1 的极限位置即为 M 点的切线 MT,在此过程中割线 MM_1 的斜率 K_{MM_1} 的极限为切线 MT 的斜率 K,即

$$K=\lim_{\Delta x \to 0}\frac{\Delta y}{\Delta x}=\lim_{\Delta x \to 0}\frac{f(x_0+\Delta x)-f(x_0)}{\Delta x}$$

2)变速直线运动的瞬时速度

设一质点作变速直线运动,其所经过的路程 s 是时间 t 的函数,即 $s=s(t)$. 求质点在 $t=t_0$ 时刻的瞬时速度 $v(t_0)$.

首先,我们考察该质点在 $t=t_0$ 附近的运动状态. 当时间由 t_0 改变到 $t_0+\Delta t$ 时($\Delta t \neq 0$),

质点在 Δt 这段时间所经过的路程为 $\Delta s = s(t_0 + \Delta t) - s(t_0)$，于是质点在时间段 Δt 内的平均速度为

$$\bar{v} = \frac{\Delta s}{\Delta t} = \frac{s(t_0 + \Delta t) - s(t_0)}{\Delta t}$$

其次，由于质点作变速运动，平均速度 $\bar{v}$ 不足以刻画质点在 $t = t_0$ 时刻的速度. 显然 Δt 越小，平均速度 $\bar{v}$ 就越接近 t_0 时刻的瞬时速度 $v(t_0)$. 当 $\Delta t \to 0$ 时，如果 $\bar{v}$ 的极限存在，则此极限就应是质点在 t_0 时刻的瞬时速度，即

$$v(t_0) = \lim_{\Delta t \to 0} \frac{\Delta s}{\Delta t} = \lim_{\Delta t \to 0} \frac{s(t_0 + \Delta t) - s(t_0)}{\Delta t}$$

4.1.2　导数的定义

上述两个引例虽然解决的是两个不同领域的问题，各自表示不同的实际含义，但解决思路是一致的. 无论是求切线斜率还是求瞬时速度，都可归结为：先求出函数增量与自变量增量的比值，再求出比值在自变量增量趋近于 0 时的极限. 此极限就称为函数的导数.

1）函数在 x_0 处的导数

定义 4.1　设函数 $y = f(x)$ 在点 x_0 及其邻域内有定义，当自变量 x 在点 x_0 处取得增量 Δx 时，函数 $f(x)$ 的相应增量 $\Delta y = f(x_0 + \Delta x) - f(x_0)$，如果两增量的比值 $\dfrac{\Delta y}{\Delta x}$ 当 $\Delta x \to 0$ 时的极限存在，则称函数 $y = f(x)$ 在 x_0 点可导或导数存在，并将此极限值定义为 $y = f(x)$ 在点 x_0 处的导数（微商），记为 $f'(x_0)$，即

$$f'(x_0) = \lim_{\Delta x \to 0} \frac{\Delta y}{\Delta x} = \lim_{\Delta x \to 0} \frac{f(x_0 + \Delta x) - f(x_0)}{\Delta x}$$

也可记为

$$y'\big|_{x = x_0}, \frac{\mathrm{d}y}{\mathrm{d}x}\bigg|_{x = x_0}, \frac{\mathrm{d}f}{\mathrm{d}x}\bigg|_{x = x_0}$$

如果上述极限不存在，则称函数 $y = f(x)$ 在点 x_0 处不可导.

$\dfrac{\Delta y}{\Delta x} = \dfrac{f(x_0 + \Delta x) - f(x_0)}{\Delta x}$ 反映的是自变量 x 从点 x_0 改变到 $x_0 + \Delta x$ 时，函数 $f(x)$ 的平均变化率；而导数 $f'(x_0) = \lim\limits_{\Delta x \to 0} \dfrac{\Delta y}{\Delta x}$ 反映的是函数 $f(x)$ 在点 x_0 处的瞬时变化率.

下面分析导数定义的另一种常用表达形式：$\Delta x = x - x_0$，当 $\Delta x \to 0$ 时必有 $x \to x_0$，且

$$\Delta y = f(x) - f(x_0)$$

所以上述导数的定义也可以有如下的表现形式：

$$f'(x_0) = \lim_{\Delta x \to 0} \frac{\Delta y}{\Delta x} = \lim_{x \to x_0} \frac{f(x) - f(x_0)}{x - x_0}$$

根据导数的定义，前面两个引例就可以叙述为：

（1）曲线 $y = f(x)$ 在给定点 $M(x_0, y_0)$ 处的切线斜率，就是函数 $y = f(x)$ 在 x_0 处的导数，即

$$k = f'(x_0) = \frac{dy}{dx}\bigg|_{x=x_0}$$

（2）质点在 $t = t_0$ 时刻的瞬时速度 $v(t_0)$ 就是路程 $s(t)$ 在 t_0 时刻的导数，即

$$v(t_0) = s'(t_0) = \frac{ds}{dt}\bigg|_{t=t_0}$$

导数的定义不仅说明了导数概念的实质，同时也给出了具体求导数的方法，一般可概括为以下几个步骤：

（1）求相应于自变量增量 Δx 的函数增量：$\Delta y = f(x_0 + \Delta x) - f(x_0)$；

（2）求比值 $\dfrac{\Delta y}{\Delta x} = \dfrac{f(x_0 + \Delta x) - f(x_0)}{\Delta x}$；

（3）求极限 $f'(x_0) = \lim\limits_{\Delta x \to 0} \dfrac{\Delta y}{\Delta x}$.

【例 4.1】 用定义求函数 $y = x^2$ 在 $x = -1$ 处的导数.

【解】 设自变量在 $x = -1$ 处有增量 Δx，则函数增量为

$$\Delta y = f(-1 + \Delta x) - f(-1) = (-1 + \Delta x)^2 - (-1)^2 = -2\Delta x + (\Delta x)^2$$

于是

$$\frac{\Delta y}{\Delta x} = \frac{-2\Delta x + (\Delta x)^2}{\Delta x} = -2 + \Delta x$$

所求导数为

$$f'(-1) = \lim_{\Delta x \to 0} \frac{\Delta y}{\Delta x} = \lim_{\Delta x \to 0}(-2 + \Delta x) = -2$$

【例 4.2】 证明函数 $y = |x|$ 在点 $x_0 = 0$ 处不可导.

【证明】 因为 $\quad \lim\limits_{x \to 0} \dfrac{\Delta y}{\Delta x} = \lim\limits_{x \to 0} \dfrac{f(x) - f(0)}{x - 0} = \dfrac{|x|}{x} = \begin{cases} 1 & x > 0 \\ -1 & x < 0 \end{cases}$

当 $x \to 0$ 时极限不存在，所以函数 $y = |x|$ 在点 $x_0 = 0$ 处不可导.

2）函数 $y = f(x)$ 在 x_0 点的单侧导数

函数在 x_0 点的单侧导数包括左导数和右导数，在导数的定义中，只需将极限替换为单侧极限，即可得出单侧导数的定义.

定义 4.2 设函数 $y = f(x)$ 在点 x_0 及其左侧邻域内有定义，如果极限

$$\lim_{\Delta x \to 0^-} \frac{\Delta y}{\Delta x} = \lim_{\Delta x \to 0^-} \frac{f(x_0 + \Delta x) - f(x_0)}{\Delta x}$$

存在，则此极限值为函数在点 x_0 处的左导数，记为 $f'_-(x_0)$，即

$$f'_-(x_0) = \lim_{\Delta x \to 0^-} \frac{\Delta y}{\Delta x} = \lim_{\Delta x \to 0^-} \frac{f(x_0 + \Delta x) - f(x_0)}{\Delta x}$$

类似地，可定义右导数

$$f'_+(x_0) = \lim_{\Delta x \to 0^+} \frac{\Delta y}{\Delta x} = \lim_{\Delta x \to 0^+} \frac{f(x_0 + \Delta x) - f(x_0)}{\Delta x}$$

定理 4.1 函数 $y = f(x)$ 在点 x_0 处可导的充分必要条件是左、右导数都存在并且相

等. 即
$$f'(x_0) \text{ 存在} \Leftrightarrow f'_-(x_0), f'_+(x_0) \text{ 都存在且} f'_-(x_0) = f'_+(x_0)$$

此定理主要用于讨论函数在某点的导数是否存在,特别是讨论分段函数在分段点的导数存在与否.

【例4.3】　设函数 $f(x) = \begin{cases} 1-\cos x & x \geq 0 \\ x & x < 0 \end{cases}$,讨论函数 $f(x)$ 在 $x=0$ 处的左、右导数与导数.

【解】　左导数:$f'_-(0) = \lim\limits_{\Delta x \to 0^-} \dfrac{f(0+\Delta x) - f(0)}{\Delta x} = \lim\limits_{\Delta x \to 0^-} \dfrac{(0+\Delta x) - (1-\cos 0)}{\Delta x} = \lim\limits_{\Delta x \to 0^-} \dfrac{\Delta x - 0}{\Delta x}$
$= 1$

右导数:$f'_+(0) = \lim\limits_{\Delta x \to 0^+} \dfrac{f(0+\Delta x) - f(0)}{\Delta x} = \lim\limits_{\Delta x \to 0^-} \dfrac{1-\cos \Delta x}{\Delta x} = 0$

因为 $f'_-(0) \neq f'_+(0)$,所以函数 $f(x)$ 在 $x=0$ 处不可导.

3)函数在区间内的导函数

定义4.3　如果函数 $y=f(x)$ 在开区间 (a,b) 内的每一点都可导,则称函数 $y=f(x)$ 在开区间 (a,b) 内可导;若在区间端点还满足左端点 a 处 $f'_+(a)$ 存在、右端点 b 处 $f'_-(b)$ 存在,则称函数 $y=f(x)$ 在闭区间 $[a,b]$ 上可导.

此时,对区间上的任一点 x,都有一个导数值与之对应,这样在该区间上定义了一个新函数,这个新函数就称为 $y=f(x)$ 的导函数,记为
$$f'(x), y', \frac{\mathrm{d}y}{\mathrm{d}x}, \frac{\mathrm{d}f}{\mathrm{d}x}$$

导函数的计算公式为
$$f'(x) = \lim_{\Delta x \to 0} \frac{\Delta y}{\Delta x} = \lim_{\Delta x \to 0} \frac{f(x+\Delta x) - f(x)}{\Delta x}$$

显然,函数 $y=f(x)$ 在点 x_0 处的导数就是导函数 $f'(x)$ 在点 x_0 处的函数值,即
$$f'(x_0) = f'(x)\big|_{x=x_0}$$

在不引起混淆的情况下,习惯上把导函数简称为导数.

4.1.3　基本初等函数的导数及求导公式

1)基本初等函数求导举例

下面利用导数的定义来求一些基本初等函数的导数,并以此作为求导公式使用. 求导的步骤是:求增量→算比值→取极限.

【例4.4】　求函数 $f(x) = C$(C 为常数)的导数.

【解】　由于 $\Delta y = f(x+\Delta x) - f(x) = C - C = 0$,可得 $\dfrac{\Delta y}{\Delta x} = \dfrac{C-C}{\Delta x} = 0$,因此
$$f'(x) = \lim_{\Delta x \to 0} \frac{\Delta y}{\Delta x} = 0 \quad 即 \quad (C)' = 0$$

这就是说,常数函数的导数等于零.

【例4.5】　求正弦函数 $f(x) = \sin x$ 的导数.

【解】

$$f'(x) = \lim_{\Delta x \to 0} \frac{f(x + \Delta x) - f(x)}{\Delta x}$$

$$= \lim_{\Delta x \to 0} \frac{\sin(x + \Delta x) - \sin x}{\Delta x}$$

$$= \lim_{\Delta x \to 0} \frac{1}{\Delta x} \cdot 2 \cos\left(x + \frac{\Delta x}{2}\right) \sin \frac{\Delta x}{2}$$

$$= \lim_{\Delta x \to 0} \cos\left(x + \frac{\Delta x}{2}\right) \cdot \frac{\sin \frac{\Delta x}{2}}{\frac{\Delta x}{2}}$$

$$= \cos x$$

由此可得

$$(\sin x)' = \cos x$$

类似地，可以求得

$$(\cos x)' = -\sin x$$

【例 4.6】 求幂函数 $y = x^\mu$（μ 为实数）的导数.

【解】 先求出函数 $y = x^n$（n 为正整数）的导数

$$f'(x) = \lim_{\Delta x \to 0} \frac{f(x + \Delta x) - f(x)}{\Delta x} = \lim_{\Delta x \to 0} \frac{(x + \Delta x)^n - x^n}{\Delta x}$$

$$= \lim_{\Delta x \to 0} \left[nx^{n-1} + \frac{n(n-1)}{2} x^{n-2} \Delta x + \cdots + (\Delta x)^{n-1} \right]$$

$$= nx^{n-1}$$

即 $(x^n)' = nx^{n-1}$，将上述公式里的 n 换成 μ 公式仍然成立，得幂函数的求导公式

$$(x^\mu)' = \mu x^{\mu-1}$$

利用这个公式，可以很方便地求出幂函数的导数，例如

$$(x^{-1})' = -x^{-2} (x \neq 0)$$

$$(\sqrt{x})' = \left(x^{\frac{1}{2}}\right)' = \frac{1}{2} x^{-\frac{1}{2}} = \frac{1}{2\sqrt{x}} (x > 0)$$

2）基本求导公式

上面用导数的定义求出了部分基本初等函数的导数公式，其余函数的导数公式以后陆续给出推导过程. 为了便于大家学习，现将基本初等函数的导数公式整理、归纳如下：

(1) $(C)' = 0$ （C 为常数）

(2) $(x^\mu)' = \mu x^{\mu-1}$ （μ 为任意实数）

(3) $(\sin x)' = \cos x$

(4) $(\cos x)' = -\sin x$

(5) $(\tan x)' = \sec^2 x$

(6) $(\cot x)' = -\csc^2 x$

(7) $(\sec x)' = \sec x \tan x$

(8) $(\csc x)' = -\csc x \cot x$

(9) $(a^x)' = a^x \ln a (a > 0, a \neq 1)$

(10) $(e^x)' = e^x$

(11) $(\log_a x)' = \frac{1}{x \ln a} (a > 0, a \neq 1)$

(12) $(\ln x)' = \frac{1}{x}$

$(13)(\arcsin x)' = \dfrac{1}{\sqrt{1-x^2}}$ $(14)(\arccos x)' = -\dfrac{1}{\sqrt{1-x^2}}$

$(15)(\arctan x)' = \dfrac{1}{1+x^2}$ $(16)(\operatorname{arccot} x)' = -\dfrac{1}{1+x^2}$

【例 4.7】 求下列函数在指定点的导数.

$(1)f(x) = 2^x$,求 $f'(-1)$,$f'(0)$;$(2)f(x) = x^2\sqrt{x}$,求 $f'(x)$,$f'(1)$.

【解】 （1）因为 $f'(x) = (2^x)' = 2^x \ln 2$

所以 $f'(-1) = 2^{-1}\ln 2 = \dfrac{\ln 2}{2}$,$f'(0) = 2^0\ln 2 = \ln 2$

（2）因为 $f(x) = x^{\frac{5}{2}}$

所以 $f'(x) = \dfrac{5}{2}x^{\frac{3}{2}}$, $f'(1) = \dfrac{5}{2}$

4.1.4 导数的几何意义

由引例 1 可知,如果函数 $f(x)$ 在点 x_0 处可导,则 $f'(x_0)$ 是曲线 $y = f(x)$ 在切点 $(x_0, f(x_0))$ 处的切线斜率.

由直线方程的点斜式,得出曲线在该点处的切线方程为

$$y - f(x_0) = f'(x_0)(x - x_0)$$

当 $f'(x_0) \neq 0$ 时,有法线方程

$$y - f(x_0) = -\dfrac{1}{f'(x_0)}(x - x_0)$$

特别地,当 $f'(x_0) = 0$ 时,切线是平行于 x 轴的直线 $y = f(x_0)$,而法线是平行于 y 轴的直线 $x = x_0$;当 $f'(x_0) = \infty$ 时,表明曲线在该点的切线斜率无穷大,则该点的切线是垂直于 x 轴的直线 $x = x_0$,法线是平行于 x 轴的直线 $y = f(x_0)$.

【例 4.8】 求曲线 $y = \ln x$ 上一点,使该点的切线平行于直线 $y = \dfrac{1}{3}x + 4$,并求此切线方程.

【解】 先求出函数的导数 $y' = \dfrac{1}{x}$,假设切点为 (x_0, y_0),因所求切线方程平行于直线 $y = \dfrac{1}{3}x + 4$,所以有 $\dfrac{1}{x_0} = \dfrac{1}{3} \Rightarrow x_0 = 3$,求出切点为 $(3, \ln 3)$,过该切点的切线方程为

$$y - \ln 3 = \dfrac{1}{3}(x - 3)$$

即

$$y = \dfrac{1}{3}x - 1 + \ln 3$$

4.1.5 函数可导与连续的关系

定理 4.2 如果函数 $f(x)$ 在点 x_0 处可导,则函数 $f(x)$ 在点 x_0 处一定连续.（证明略）

注　意

函数可导只是函数在该点连续的充分条件,而非必要条件.即定理4.2的逆命题不成立.

【例4.9】　证明函数 $y=\sqrt[3]{x}$ 在点 $x=0$ 处连续但不可导.

【证明】　因为函数 $y=\sqrt[3]{x}$ 是在点 $x=0$ 处有定义的初等函数,所以在 $x=0$ 点处连续.
而函数的导数

$$f'(0)=\lim_{\Delta x\to 0}\frac{f(0+\Delta x)-f(0)}{\Delta x}=\lim_{\Delta x\to 0}\frac{\sqrt[3]{0+\Delta x}-\sqrt[3]{0}}{\Delta x}$$

$$=\lim_{\Delta x\to 0}\frac{\sqrt[3]{\Delta x}}{\Delta x}=\lim_{\Delta x\to 0}\frac{1}{\sqrt[3]{(\Delta x)^2}}=\infty$$

所以函数 $f(x)=\sqrt[3]{x}$ 在点 $x=0$ 处连续却不可导.

【例4.10】　讨论函数 $f(x)=\begin{cases}2x-1 & x>1 \\ x^2 & x\le 1\end{cases}$ 在 $x=1$ 点的可导性.

【解】　$x=1$ 是分段函数的分段点,因此用左右导数进行讨论:

左导数　$f'_-(1)=\lim_{x\to 1^-}\frac{f(x)-f(1)}{x-1}=\lim_{x\to 1^-}\frac{x^2-1}{x-1}=2$

右导数　$f'_+(1)=\lim_{x\to 1^+}\frac{f(x)-f(1)}{x-1}=\lim_{x\to 1^+}\frac{(2x-1)-1}{x-1}=\lim_{x\to 1^+}\frac{(2x-1)}{2(x-1)}=2$

因为 $f'_-(1)=f'_+(1)=2$,所以函数在点 $x=1$ 可导且 $f'(1)=2$.

数学文化

导数的发展史

1)早期导数概念

1629年左右,法国数学家费马研究了作曲线的切线和求函数极值的方法.1637年左右,他的手稿——《求最大值与最小值的方法》问世.他在研究切线时构造了差分 $f(A+E)-f(A)$,其中的因子 E 就是我们所说的导数 $f'(A)$.

2)17世纪广泛使用的"流数术"

17世纪,生产力的发展推动了自然科学和技术的发展.在前人创造性研究的基础上,牛顿、莱布尼茨等从不同的角度开始系统地研究微积分.牛顿的微积分理论被称为"流数术"——他称变量为流量,称变量的变化率为流数,相当于我们所说的导数.牛顿关于"流数术"的主要著作是《求曲边形面积》《运用无穷多项方程的计算法》《流数术和无穷级数》.

3)19世纪导数

1750年,达朗贝尔在为法国科学院出版的《百科全书》(第五版)写的"微分"条目中,

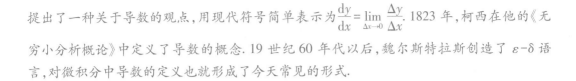

提出了一种关于导数的观点,用现代符号简单表示为$\dfrac{\mathrm{d}y}{\mathrm{d}x}=\lim\limits_{\Delta x\to 0}\dfrac{\Delta y}{\Delta x}$. 1823 年,柯西在他的《无穷小分析概论》中定义了导数的概念. 19 世纪 60 年代以后,魏尔斯特拉斯创造了 ε-δ 语言,对微积分中导数的定义也就形成了今天常见的形式.

习题 4.1

1. 设函数 $f(x)$ 在点 x_0 处可导,求下列极限.

$(1)\ \lim\limits_{h\to 0}\dfrac{f(x_0+2h)-f(x_0)}{h}$ $\qquad$ $(2)\ \lim\limits_{\Delta x\to 0}\dfrac{f(x_0-\Delta x)-f(x_0)}{\Delta x}$

$(3)\ \lim\limits_{\Delta x\to 0}\dfrac{f(x_0+\Delta x)}{\Delta x}\left[\ 令 f(x_0)=0\ \right]$ $\qquad$ $(4)\ \lim\limits_{\Delta x\to 0}\dfrac{f(x_0+\Delta x)-f(x_0-\Delta x)}{\Delta x}$

2. 用导数的定义求下列函数的导数.

$(1)\ f(x)=3x+2$,求 $f'(x)$,$f'(2)$; $\qquad$ $(2)\ f(x)=\dfrac{3}{x}$,求 $f'(1)$.

3. 求下列函数的导数.

$(1)\ y=x^{-4}$ $\qquad$ $(2)\ y=\sqrt[3]{x^4}$ $\qquad$ $(3)\ y=\dfrac{x^2\sqrt{x}}{\sqrt[3]{x}}$

4. 设 $f(x)=\sin x$,求 $f'\left(\dfrac{\pi}{6}\right)$,$f'\left(\dfrac{\pi}{3}\right)$.

5. 求曲线 $y=\dfrac{1}{x}$ 在点 $\left(\dfrac{1}{2},2\right)$ 处的切线方程和法线方程.

6. 设函数 $f(x)$ 在点 x_0 处可导,且 $f(x_0)=2$,求 $\lim\limits_{x\to x_0}f(x)$.

7. 证明:函数 $f(x)=\begin{cases}2\sqrt{x}-1 & 0\leqslant x\leqslant 1\\ 3x-2 & x>1\end{cases}$ 在 $x=1$ 处连续但不可导.

4.2　函数的求导法则

4.2.1　导数的四则运算法则

定理 4.3　如果函数 $u(x)$ 及 $v(x)$ 在点 x 处可导,那么它们的和、差、积、商(分母不为零)都在点 x 处可导,且

（1）$\left[u(x)\pm v(x)\right]'=u'(x)\pm v'(x)$

（2）$\left[u(x)v(x)\right]'=u'(x)v(x)+u(x)v'(x)$

（3）$\left[\dfrac{u(x)}{v(x)}\right]'=\dfrac{u'(x)v(x)-u(x)v'(x)}{v^2(x)}(v(x)\neq 0)$

（证明略）

注 意

法则（1）可推广到有限个可导函数代数和的情形，例如
$$\left[u_1(x)\pm u_2(x)\pm\cdots\pm u_n(x)\right]'=u_1'(x)\pm u_2'(x)\pm\cdots\pm u_n'(x)$$
法则（2）可推广到有限个可导函数之积的情形，例如
$$\left[u(x)v(x)w(x)\right]'=u'(x)v(x)w(x)+u(x)v'(x)w(x)+u(x)v(x)w'(x)$$
特殊情况：在法则（2）中，如果$v(x)=C(C$为常数$)$，则有$\left[Cu(x)\right]'=Cu'(x)$；在法则（3）中，若$u(x)=C(C$为常数，$v(x)\neq 0)$，则有
$$\left[\frac{C}{v(x)}\right]'=-\frac{Cv'(x)}{v^2(x)}$$

【例4.11】 设$y=3x^4-\sqrt{x}+5\sin x-9$，求$y'$.

【解】 $\begin{aligned}y'&=(3x^4-\sqrt{x}+5\sin x-9)'\\&=(3x^4)'-(\sqrt{x})'+(5\sin x)'-(9)'\\&=3(x^4)'-(x^{\frac{1}{2}})'+5(\sin x)'\\&=12x^3-\frac{1}{2}x^{-\frac{1}{2}}+5\cos x\\&=12x^3-\frac{1}{2\sqrt{x}}+5\cos x\end{aligned}$

【例4.12】 设$y=\mathrm{e}^x-4\sin x-\ln\dfrac{\pi}{2}$，求$y'$.

【解】 $y'=\left(\mathrm{e}^x-4\sin x-\ln\dfrac{\pi}{2}\right)'=\mathrm{e}^x-4\cos x$

【例4.13】 设$f(x)=x\ln x+\dfrac{\ln x}{x}$，求$f'(\mathrm{e})$.

【解】 因为 $\begin{aligned}f'(x)&=(x\ln x)'+\left(\frac{\ln x}{x}\right)'\\&=x'\ln x+x(\ln x)'+\frac{(\ln x)'x-(\ln x)\cdot x'}{x^2}\\&=\ln x+1+\frac{1-\ln x}{x^2}\end{aligned}$

所以 $f'(\mathrm{e})=\ln\mathrm{e}+1+\dfrac{1-\ln\mathrm{e}}{\mathrm{e}^2}=2$

【例 4.14】　设 $y = x\log_3 x + \cos x$，求 y'.

【解】　$y' = (x\log_3 x + \cos x)' = (x\log_3 x)' + (\cos x)'$

$\qquad = (x)'\log_3 x + x(\log_3 x)' + (-\sin x)$

$\qquad = 1 \times \log_3 x + x \cdot \dfrac{1}{x \cdot \ln 3} - \sin x$

$\qquad = \log_3 x + \dfrac{1}{\ln 3} - \sin x$

【例 4.15】　求正切函数 $y = \tan x$ 的导数.

【解】　$y' = (\tan x)' = \left(\dfrac{\sin x}{\cos x}\right)'$

$\qquad = \dfrac{(\sin x)'\cos x - \sin x(\cos x)'}{\cos^2 x}$

$\qquad = \dfrac{\cos^2 x + \sin^2 x}{\cos^2 x} = \dfrac{1}{\cos^2 x} = \sec^2 x$

即　　$(\tan x)' = \sec^2 x$

用类似的方法可得余切函数的导数公式

$$(\cot x)' = -\csc^2 x$$

【例 4.16】　求函数 $y = \dfrac{\sin x}{1 + \cos x}$ 的导数.

【解】　$y' = \left(\dfrac{\sin x}{1 + \cos x}\right)' = \dfrac{(\sin x)'(1 + \cos x) - \sin x(1 + \cos x)'}{(1 + \cos x)^2}$

$\qquad = \dfrac{\cos x(1 + \cos x) - \sin x(-\sin x)}{(1 + \cos x)^2} = \dfrac{\cos x + \cos^2 x + \sin^2 x}{(1 + \cos x)^2} = \dfrac{\cos x + 1}{(1 + \cos x)^2}$

$\qquad = \dfrac{1}{1 + \cos x}$

4.2.2　反函数求导法则

定理 4.4　设函数 $y = f(x)$ 为 $x = \varphi(y)$ 的反函数，若函数 $\varphi(y)$ 在区间 I_y 内严格单调、可导且 $\varphi'(y) \neq 0$，则它的反函数 $y = f(x)$ 也在对应的区间 I_x 内可导，且有

$$f'(x) = \dfrac{1}{\varphi'(y)} \quad \text{或} \quad \dfrac{\mathrm{d}y}{\mathrm{d}x} = \dfrac{1}{\dfrac{\mathrm{d}x}{\mathrm{d}y}}$$

【例 4.17】　求反正弦函数 $y = \arcsin x$ 的导数.

【解】　由于 $y = \arcsin x, x \in [-1, 1]$ 为 $x = \sin y, y \in \left[-\dfrac{\pi}{2}, \dfrac{\pi}{2}\right]$ 的反函数，当 $y \in \left(-\dfrac{\pi}{2}, \dfrac{\pi}{2}\right)$ 时，函数 $x = \sin y$ 单调、可导，且 $(\sin y)' = \cos y > 0$，则

$$(\arcsin x)' = \dfrac{1}{(\sin y)'} = \dfrac{1}{\cos y} = \dfrac{1}{\sqrt{1 - \sin^2 y}} = \dfrac{1}{\sqrt{1 - x^2}}$$

注　意

公式 $(\arcsin x)' = \dfrac{1}{\sqrt{1-x^2}}$ 仅在 $x \in (-1, 1)$ 时成立，当 $x = \pm 1$ 时，函数 $y = \arcsin x$ 对应的值

为 $\pm\dfrac{\pi}{2}$，这时 $\dfrac{\mathrm{d}x}{\mathrm{d}y} = (\sin y)' = \cos y = 0$，不满足反函数求导的定理条件．

类似地，反余弦函数

$$(\arccos x)' = -\frac{1}{\sqrt{1-x^2}}$$

思考：反正切函数 $\arctan x$ 的导数如何计算？

4.2.3　复合函数求导法则

定理 4.5　设函数 $y = f(u)$ 在点 u 处可导，$u = \varphi(x)$ 在点 x 处可导，则复合函数 $y = f[\varphi(x)]$ 在点 x 处也可导，且导数为

$$\frac{\mathrm{d}y}{\mathrm{d}x} = f'(u) \cdot \varphi'(x), \qquad \frac{\mathrm{d}y}{\mathrm{d}x} = \frac{\mathrm{d}y}{\mathrm{d}u} \cdot \frac{\mathrm{d}u}{\mathrm{d}x}, \qquad y'_x = y'_u \cdot u'_x$$

上述定理公式表明，复合函数的导数等于复合函数对中间变量的导数乘以中间变量对自变量的导数．这个公式可推广到可导函数有限次复合的情形．例如，设 $y = f(u)$，$u = \varphi(v)$，$v = \psi(x)$ 都可导，则 $\dfrac{\mathrm{d}y}{\mathrm{d}x} = f'(u)\varphi'(v)\psi'(x)$．这一法则称为复合函数求导的链锁法则．

【例 4.18】　求函数 $y = \sin 2x$ 的导数．

【解】　$y = \sin 2x$ 由 $y = \sin u$，$u = 2x$ 复合而成，因此

$$\frac{\mathrm{d}y}{\mathrm{d}x} = \frac{\mathrm{d}y}{\mathrm{d}u} \cdot \frac{\mathrm{d}u}{\mathrm{d}x} = \cos u \cdot 2 = 2\cos 2x$$

【例 4.19】　求函数 $y = \mathrm{e}^{x^5}$ 的导数．

【解】　$y = \mathrm{e}^{x^5}$ 由 $y = \mathrm{e}^u$，$u = x^5$ 复合而成，因此

$$\frac{\mathrm{d}y}{\mathrm{d}x} = \frac{\mathrm{d}y}{\mathrm{d}u} \cdot \frac{\mathrm{d}u}{\mathrm{d}x} = \mathrm{e}^u \cdot 5x^4 = 5x^4 \mathrm{e}^{x^5}$$

以上两例的解题思路是：以定理 4.5 的理念为依据，首先分解复合函数，然后分别对分解后的简单函数求导，最后将所有简单函数的导数相乘．这种方法的难点是分解复合函数，如果分解出错那么求导结果肯定是错的．

事实上可以不分解复合函数，只需要分析、确定复合函数的结构，再从外到内逐层求导（不必再写出中间变量）．通过下列例题的解题方法进行比较和体会．

【例 4.20】　求函数 $y = \ln \sin x$ 的导数．

【解】　方法 1：$y = \ln \sin x$ 由 $y = \ln u$，$u = \sin x$ 复合而成，因此

$$\frac{\mathrm{d}y}{\mathrm{d}x} = \frac{\mathrm{d}y}{\mathrm{d}u} \cdot \frac{\mathrm{d}u}{\mathrm{d}x} = \frac{1}{u} \cdot \cos x = \frac{1}{\sin x} \cdot \cos x = \cot x$$

方法 $2 : \dfrac{\mathrm{d}y}{\mathrm{d}x} = (\ln \sin x)' = \dfrac{1}{\sin x}(\sin x)' = \dfrac{\cos x}{\sin x} = \cot x$

【例 4.21】 求函数 $y = \ln \cos(\mathrm{e}^x)$ 的导数.

【解】 方法 $1 : y = \ln \cos(\mathrm{e}^x)$ 由 $y = \ln u, u = \cos v, v = \mathrm{e}^x$ 复合而成,因此

$$\frac{\mathrm{d}y}{\mathrm{d}x} = \frac{\mathrm{d}y}{\mathrm{d}u} \cdot \frac{\mathrm{d}u}{\mathrm{d}v} \cdot \frac{\mathrm{d}v}{\mathrm{d}x} = \frac{1}{u} \cdot (-\sin v) \cdot \mathrm{e}^x$$

$$= -\frac{\sin(\mathrm{e}^x)}{\cos(\mathrm{e}^x)} \cdot \mathrm{e}^x = -\mathrm{e}^x \tan(\mathrm{e}^x)$$

方法 $2 : y' = [\ln \cos(\mathrm{e}^x)]' = \dfrac{1}{\cos(\mathrm{e}^x)}[\cos(\mathrm{e}^x)]'$

$$= -\frac{\sin(\mathrm{e}^x)}{\cos(\mathrm{e}^x)}(\mathrm{e}^x)' = -\frac{\sin(\mathrm{e}^x)}{\cos(\mathrm{e}^x)}\mathrm{e}^x$$

$$= -\mathrm{e}^x \tan(\mathrm{e}^x)$$

以上两例的解法 2,其共同点就是用一个函数 $g(x)$ 去替换公式. 比如 $(\ln x)' = \dfrac{1}{x}$ 中的

x,得到复合求导公式

$$[\ln g(x)]' = \frac{1}{g(x)}g'(x)$$

同理可得 $[\mathrm{e}^{g(x)}]' = \mathrm{e}^{g(x)}g'(x)$

$$\{\cos g[\varphi(x)]\}' = -\sin g[\varphi(x)][g[\varphi(x)]]' = -\sin g[\varphi(x)]g'[\varphi(x)] \cdot \varphi'(x)$$

所有的求导公式都可以用类似的方法得到复合求导公式. 利用复合求导公式求复合函数的导数就比较简单了.

【例 4.22】 求函数 $y = \cos(3-2x)$ 的导数.

【解】 $\dfrac{\mathrm{d}y}{\mathrm{d}x} = [\cos(3-2x)]' = [-\sin(3-2x)] \cdot (3-2x)' = 2\sin(3-2x)$

【例 4.23】 求函数 $y = \sqrt[3]{2x^3-1}$ 的导数.

【解】 $y' = \left[(2x^3-1)^{\frac{1}{3}}\right]' = \dfrac{1}{3}(2x^3-1)^{-\frac{2}{3}} \cdot (2x^3-1)' = \dfrac{2x^2}{\sqrt[3]{(2x^3-1)^2}}$

【例 4.24】 已知 $y = \mathrm{e}^{\sin \frac{1}{x}}$,求 y'.

【解】 $y' = \left(\mathrm{e}^{\sin \frac{1}{x}}\right)' = \mathrm{e}^{\sin \frac{1}{x}}\left(\sin \dfrac{1}{x}\right)' = \mathrm{e}^{\sin \frac{1}{x}} \cdot \cos \dfrac{1}{x} \cdot \left(\dfrac{1}{x}\right)' = -\dfrac{1}{x^2}\mathrm{e}^{\sin \frac{1}{x}} \cdot \cos \dfrac{1}{x}$

【例 4.25】 设函数 $f(x)$ 可导,求下列函数的导数.

$(1)y = \ln f(\mathrm{e}^x)$ $\qquad$ $(2)y = f(x^3 \sin x)$

【解】 $(1)y' = [\ln f(\mathrm{e}^x)]' = \dfrac{1}{f(\mathrm{e}^x)} \cdot [f(\mathrm{e}^x)]' = \dfrac{1}{f(\mathrm{e}^x)} \cdot f'(\mathrm{e}^x) \cdot (\mathrm{e}^x)' = \dfrac{f'(\mathrm{e}^x) \cdot \mathrm{e}^x}{f(\mathrm{e}^x)}$

$(2)y' = f'(x^3 \sin x) \cdot (x^3 \sin x)' = f'(x^3 \sin x) \cdot [(x^3)'\sin x + x^3(\sin x)']$

$$=f'(x^3\sin x)\cdot(3x^2\sin x+x^3\cos x)$$

习题 4.2

1. 求下列函数的导数.

$(1)y=2x^2+2\cos x+\ln 5$

$(2)y=x^3-\dfrac{4}{x^3}$

$(3)y=\pi^x+e^x$

$(4)y=3\sqrt[3]{x^2}-\dfrac{1}{x^3}+\cos\dfrac{\pi}{3}$

$(5)y=\log_3 x+2\sin x$

$(6)y=\arctan x-\sqrt{\sqrt{x}}$

$(7)y=(\sin x-\cos x)\ln x$

$(8)y=x\sin x\ln x$

$(9)y=\dfrac{\ln x}{x}$

$(10)y=\dfrac{e^x}{x^2}+\log_2 5$

2. 求下列函数在指定点的导数.

$(1)f(x)=x+\sin x$，求 $f'(2\pi)$；

$(2)f(x)=(1+x^3)\left(5-\dfrac{1}{x^2}\right)$，求 $f'(1)$.

3. 求下列函数的导数.

$(1)y=(2x+3)^4$

$(2)y=\sqrt{2-4x}$

$(3)y=\cos(1+x^2)$

$(4)y=\sqrt{1+\ln^2 x}$

$(5)y=\sin^5 x$

$(6)y=\arctan e^x$

$(7)y=e^{\sqrt{\sin x}}$

$(8)y=\ln\cos\dfrac{1}{x}$

$(9)y=e^{-\frac{x}{2}}\cos 5x$

$(10)y=\dfrac{1}{\sqrt{4+x^2}}$

4. 设函数 $f(x)$ 可导，求下列函数的导数

$(1)y=f(e^x\sin x)$

$(2)y=f(\sqrt{x}+\cos x)$

4.3　特殊函数的导数

具有函数关系的两个变量 x,y，其函数关系的表现形式可以是多种多样的，如即将学习的隐函数及参数函数的表现形式.

4.3.1　隐函数的导数

到目前为止，前面定义的函数有显著的特点：因变量放在等号的左边且系数为1，含有自变量的解析式放在等号的右边，并且明显地将因变量表示出来. 这种表示的函数称为显

函数,即由方程 $y=f(x)$ 所表示的函数,如 $y=5e^{\sin x}-\ln x$, $f(x)=\cos(4x+2)+2\sqrt{x}$ 等.

定义 4.4 如果变量 x,y 之间的函数关系 $y=y(x)$ 是由方程 $F(x,y)=0$ 所确定,那么函数 $y=y(x)$ 称为由方程 $F(x,y)=0$ 所确定的隐函数,如 $x^2+y^2=4$, $\log_a x-\sin(xy^2)=y$.

隐函数的特点:x 与 y 的函数关系隐含在方程 $F(x,y)=0$ 中. 对于隐函数的求导并不需要将函数显化,可直接将方程 $F(x,y)=0$ 两边对 x 求导,遇到含有 y 的项,把 y 看作中间变量,先对 y 求导,再乘以 y 对 x 的导数 $\dfrac{dy}{dx}$(或 y'_x),得到一个含有 $\dfrac{dy}{dx}$(或 y'_x)的方程,从中解出 $\dfrac{dy}{dx}$(或 y'_x)即可.

下面通过例题来体会这种方法.

【例 4.26】 求方程 $x\ln y+y-\ln e=0$ 所确定的隐函数的导数 $\dfrac{dy}{dx}$.

【解】 方程两边同时对 x 求导,注意 $y=y(x)$.

即 $\ln y+x\cdot\dfrac{1}{y}\cdot\dfrac{dy}{dx}+1\cdot\dfrac{dy}{dx}=0$

从而 $\dfrac{dy}{dx}=-\dfrac{\ln y}{\dfrac{x}{y}+1}=-\dfrac{y\ln y}{x+y}$ $(x+y\neq 0)$.

【例 4.27】 求由方程 $e^{\frac{x}{y}}-xy=0$ 所确定的隐函数的导数.

【解】 方程两边同时对 x 求导

$$e^{\frac{x}{y}}\left(\frac{x}{y}\right)'-(y+xy')=0$$

$$\Rightarrow e^{\frac{x}{y}}\left(\frac{y-xy'}{y^2}\right)-y-xy'=0\,(e^{\frac{x}{y}}=xy)$$

$$\Rightarrow xy\left(\frac{y-xy'}{y^2}\right)-y-xy'=0$$

$$\Rightarrow \frac{xy^2-x^2yy'}{y^2}-y-xy'=0$$

$$\Rightarrow \frac{xy-x^2y'}{y}-y-xy'=0$$

$$\Rightarrow \left(-\frac{x^2}{y}-x\right)y'=y-x$$

$$\Rightarrow y'=\frac{y-x}{-\dfrac{x^2}{y}-x}$$

$$\Rightarrow y'=\frac{xy-y^2}{x^2+xy}$$

【例 4.28】 求圆方程 $x^2+y^2=9$ 在 $x=2$ 这一点处的切线方程.

【解】 由导数的几何意义,可得切线的斜率为

$$k = y'|_{x=2}$$

方程两边同时对 x 求导，有

$$2x + 2y \cdot y' = 0$$

从而

$$y' = -\frac{x}{y}$$

将 $x=2$ 代入原方程解得 $y = \pm\sqrt{5}$，切点坐标为 $(2, \sqrt{5})$ 和 $(2, -\sqrt{5})$.

再将 $x=2, y=\pm\sqrt{5}$ 代入上式

$$k = y'|_{x=2} = \pm\frac{2}{\sqrt{5}}$$

于是所求的切线方程为

在切点 $(2, \sqrt{5})$ 处：$y - \sqrt{5} = -\frac{2}{\sqrt{5}}(x-2)$；

在切点 $(2, -\sqrt{5})$ 处：$y + \sqrt{5} = \frac{2}{\sqrt{5}}(x-2)$.

即 $2x + \sqrt{5}y - 9 = 0$ 和 $2x - \sqrt{5}y - 9 = 0$.

【例 4.29】 求由方程 $y^3 + 2y - x - 2x^4 = 0$ 所确定的隐函数在 $x=0$ 处的导数.

【解】 方程两边同时对 x 求导，有

$$3y^2y' + 2y' - 1 - 8x^3 = 0$$

由此得

$$y' = \frac{1+8x^3}{3y^2+2}$$

因为当 $x=0$ 时，从原方程可得 $y=0$，所以

$$y'\left|_{\substack{x=0 \\ y=0}}\right. = \frac{1}{2}$$

4.3.2 对数求导法

对数求导法即在其求导的过程中，先取对数再求导数. 即先在函数两边取对数，然后再在等式两边同时对自变量 x 求导，最后解出所求导数.

幂指函数导数：形如 $y = u(x)^{v(x)}$ $[u(x) \neq 0, v(x) \neq 0]$ 的函数称为幂指函数. 幂指函数既不是幂函数，也不是指数函数，所以幂函数的求导公式和指数函数的求导公式在此处都不适用. 对于这类函数，需用对数求导法.

【例 4.30】 设 $y = x^x (x>0)$，求 y'.

【解】 该函数是幂指函数，先在两边取对数，得

$$\ln y = x \cdot \ln x$$

两边分别对 x 求导，注意到 $y = y(x)$，有

$$\frac{1}{y}y' = 1 \cdot \ln x + x \cdot \frac{1}{x} = \ln x + 1$$

于是

$$y' = y(\ln x + 1) = x^x(\ln x + 1)$$

当求导的函数是乘、除运算且因子比较多,用对数求导法可以简化求导的过程.

【例4.31】 已知 $y = \dfrac{(x-3) \cdot \sqrt[3]{x-4}}{(x^2+2)^5 \cdot (3x-1)^2}$,求 y'.

【解】 先对函数两边取对数,得

$$\ln y = \ln(x-3) + \frac{1}{3}\ln(x-4) - 5\ln(x^2+2) - 2\ln(3x-1)$$

上式两边分别对 x 求导,有

$$\frac{1}{y}y' = \frac{1}{x-3} + \frac{1}{3} \cdot \frac{1}{x-4} - 5 \cdot \frac{2x}{x^2+2} - 2 \cdot \frac{3}{3x-1}$$

于是

$$y' = y\left(\frac{1}{x-3} + \frac{1}{3(x-4)} - \frac{10x}{x^2+2} - \frac{6}{3x-1}\right)$$

4.3.3 参数函数的求导

定理4.6 如果 $x = \varphi(t)$,$y = \psi(t)$ 都是可导函数,且 $\varphi'(t) \neq 0$,则由参变量方程 $\begin{cases} x = \varphi(t) \\ y = \psi(t) \end{cases}$ 所确定的函数 $y = y(x)$ 也可导,且

$$\frac{dy}{dx} = \frac{\dfrac{dy}{dt}}{\dfrac{dx}{dt}} = \frac{\psi'(t)}{\varphi'(t)}$$

【例4.32】 已知椭圆参数方程为 $\begin{cases} x = a\cos t \\ y = b\sin t \end{cases}$,求 $\dfrac{dy}{dx}$.

【解】 $\dfrac{dy}{dx} = \dfrac{(b\sin t)'}{(a\cos t)'} = \dfrac{b\cos t}{-a\sin t} = -\dfrac{b}{a}\cot t$

【例4.33】 求摆线的参数方程 $\begin{cases} x = a(\theta - \sin\theta) \\ y = a(1-\cos\theta) \end{cases}$ 在 $\theta = \dfrac{\pi}{4}$ 处切线的斜率.

【解】 $\dfrac{dy}{dx} = \dfrac{\dfrac{dy}{d\theta}}{\dfrac{dx}{d\theta}} = \dfrac{a\sin\theta}{a(1-\cos\theta)} = \dfrac{\sin\theta}{1-\cos\theta}$

$$k = \frac{dy}{dx}\bigg|_{\theta=\frac{\pi}{4}} = \frac{\sin\dfrac{\pi}{4}}{1-\cos\dfrac{\pi}{4}} = 1 + \sqrt{2}$$

习题 4.3

1.求下列方程所确定的隐函数 $y = y(x)$ 的导数,或在指定点的导数值.

（1）$y=\ln(xy+\mathrm{e})$，点$(0,1)$ （2）$\dfrac{y^2}{x+y}=1-x^2$，点$(0,1)$

（3）$y^3+x^3-3xy=0$ （4）$\arctan\dfrac{y}{x}=\ln\sqrt{x^2+y^2}$

2. 求下列函数的导数.

（1）$y=x^{\sin x}$ （2）$y=x^{\ln x}$

（3）$y=\dfrac{\sqrt{x+2}\,(x-3)^4}{(x+1)^5}$ （4）$y=x^5\sqrt{\dfrac{1-x}{1+x^2}}$

3. 求下列参数方程所确定的函数的导数$\dfrac{\mathrm{d}y}{\mathrm{d}x}$.

（1）$\begin{cases}x=at^2\\y=bt^3\end{cases}$ （2）$\begin{cases}x=\theta(1-\sin\theta)\\y=\theta\cos\theta\end{cases}$ （3）$\begin{cases}x=\mathrm{e}^t\sin t\\y=\mathrm{e}^t\cos t\end{cases}$

4. 求曲线$\begin{cases}x=\sin t\\y=\cos 2t\end{cases}$在$t=\dfrac{\pi}{4}$处的切线方程.

4.4 高阶导数

我们知道，变速直线运动的速度$v(t)$是路程函数$s(t)$对时间t的导数，即

$$v(t)=\frac{\mathrm{d}s}{\mathrm{d}t}\quad\text{或}\quad v(t)=s'(t)$$

而加速度$a(t)$又是速度$v(t)$对时间t的变化率，即加速度是速度函数$v(t)$对时间t的导数，也就是路程$s(t)$的导函数的导数，即

$$a(t)=\frac{\mathrm{d}v}{\mathrm{d}t}=\frac{\mathrm{d}}{\mathrm{d}t}\left(\frac{\mathrm{d}s}{\mathrm{d}t}\right)\quad\text{或}\quad a(t)=[s'(t)]'$$

下面给出高阶导数的定义.

定义4.5   如果函数$y=f(x)$的导数$y'=f'(x)$仍然是x的可导函数，即

$$[f'(x)]'=\lim_{\Delta x\to 0}\frac{f'(x+\Delta x)-f'(x)}{\Delta x}$$

存在，则称此极限值$[f'(x)]'$为函数$y=f(x)$的二阶导数，记作

$$f''(x),\quad y'',\quad \frac{\mathrm{d}^2 y}{\mathrm{d}x^2},\quad \frac{\mathrm{d}^2 f}{\mathrm{d}x^2}$$

类似地，二阶导数的导数称为三阶导数，记作

$$f'''(x),\quad y''',\quad \frac{\mathrm{d}^3 y}{\mathrm{d}x^3},\quad \frac{\mathrm{d}^3 f}{\mathrm{d}x^3}$$

一般地,函数 $f(x)$ 的 $(n-1)$ 阶导数的导数称为 $f(x)$ 的 n 阶导函数(简称 n 阶导数),记作

$$f^{(n)}(x), \quad y^{(n)}, \quad \frac{\mathrm{d}^n y}{\mathrm{d}x^n}, \quad \frac{\mathrm{d}^n f}{\mathrm{d}x^n}$$

注 意

(1)二阶及二阶以上的导数统称为高阶导数;

(2)高阶导数的阶数就是累计求导的次数,求高阶导数只需依次逐阶求导即可.

【例 4.34】 设 $y = kx^2 + \ln x$(k 为常数),求 y''.

【解】 $y' = 2kx + \dfrac{1}{x}, y'' = 2k - \dfrac{1}{x^2}$

【例 4.35】 求函数 $y = \cos(\omega x + 1)$(ω 为常数)的二阶导数.

【解】 $y' = -\omega \sin(\omega x + 1), y'' = -\omega^2 \cos(\omega x + 1)$

【例 4.36】 求函数 $y = e^{ax}$ 的 n 阶导数.

【解】 $y' = a e^{ax}, y'' = a^2 e^{ax}, y''' = a^3 e^{ax}, \cdots$

可得 $(e^{ax})^{(n)} = a^n e^{ax}$

习题 4.4

1. 求下列函数的二阶导数.

(1)$y = e^{3x+2}$

(2)$y = 3x^2 + \ln x^2$

(3)$f(x) = \dfrac{2x^2 + 4x + \sqrt{x}}{x}$

(4)$y = (1 + x^2)\arctan x$

(5)$y = \dfrac{e^x}{x}$

(6)$y = x\cos x$

2. 设 $f(x) = (x+10)^6$,计算 $f'''(0)$.

3. 求下列函数的 n 阶导数.

(1)$y = x\ln x$

(2)$y = a^x$($a > 0, a \neq 1$)

4. 已知物体的运动方程为 $s = A\cos\dfrac{\pi t}{3}$($A$ 为常数),求 $t = 1$ 时的速度和加速度.

第 5 章　函数的微分

函数的导数表示函数的变化率,它描述了函数变化的快慢程度. 在工程技术和经济活动领域,有时还需要了解当自变量取得一个微小的增量 Δx 时,函数相应增量的改变. 一般来说,计算函数增量的精确值 Δy 是比较困难的,因此需要使用简便的方法计算其近似值. 这就是函数的微分要解决的问题.

本章我们将学习微分的概念、微分的运算法则与基本公式,并介绍微分在近似计算中的应用.

5.1　微分的概念

5.1.1　引例

设有一个边长为 x 的金属片,受热后边长伸长了 Δx (图 5.1),问其面积增加了多少?

设正方形金属片的面积为 y,面积与边长的函数关系为 $y = x^2$,受热后边长由 x 变到 $x + \Delta x$,面积相应地得到增量

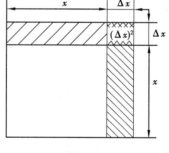

图 5.1

$$\Delta y = (x + \Delta x)^2 - x^2 = 2x\Delta x + (\Delta x)^2$$

Δy 由两部分组成:第一部分 $2x\Delta x$(图 5.1 的长方形阴影部分),是关于 Δx 的一次项,并且是 Δy 的主要部分,称为 Δy 的线性主部;第二部分 $(\Delta x)^2$ 是关于 Δx 的高阶无穷小量(图 5.1 的正方形阴影部分). 由此可见,当给 x 一个微小增量 Δx 时,由此引起的正方形面积增量 Δy 可以近似地用第一部分 $2x\Delta x$ 来代替,由此产生的误差是一个关于 Δx 的高阶无穷小量,也就是一个以 Δx 为边长的小正方形面积,即

$$\Delta y \approx 2x\Delta x$$

由于 $f'(x) = 2x$,所以上式可以写成

$$\Delta y \approx f'(x)\Delta x$$

这个结论具有一般性,下面给出微分的定义.

5.1.2　微分的定义

定义 5.1　设函数 $y=f(x)$ 在某区间内有定义,x 及 $x+\Delta x$ 均在该区间内,如果函数的增量 $\Delta y=f(x+\Delta x)-f(x)$ 可表示为 $\Delta y=A\cdot\Delta x+o(\Delta x)$(其中,$A$ 是与 Δx 无关而仅与 x 相关的函数),则称函数 $y=f(x)$ 可微,并且称 $A\cdot\Delta x$ 为函数 $y=f(x)$ 在 x 处相应于自变量的增量 Δx 的微分,记作 $\mathrm{d}y$,即

$$\mathrm{d}y=A\cdot\Delta x$$

在本章的引例中,当正方形的边长增加了 Δx 时,面积增加

$$\Delta y=(x+\Delta x)^2-x^2=2x\Delta x+(\Delta x)^2$$

由微分的定义,上述表达式中函数 $y=x^2$ 的微分为

$$\mathrm{d}y=2x\Delta x$$

而 Δx 的系数 $2x$ 正是函数 $y=x^2$ 的导数,即

$$\mathrm{d}y=(x^2)'\Delta x$$

在微分的定义中,Δx 的系数 A 是与 Δx 无关而仅是 x 的函数,是否也正好是函数 $y=f(x)$ 的导数? 下面就来分析微分与导数的关系.

一般地,若函数 $y=f(x)$ 在点 x 处可导,根据导数的定义,有

$$f'(x)=\lim_{\Delta x\to0}\frac{f(x+\Delta x)-f(x)}{\Delta x}=\lim_{\Delta x\to0}\frac{\Delta y}{\Delta x}$$

根据极限与无穷小量的关系,又有

$$\frac{\Delta y}{\Delta x}=f'(x)+\alpha\quad(当\ \Delta x\to0\ 时,\alpha\to0)$$

另一方面,在微分的定义中有, $\Delta y=A\Delta x+o(\Delta x)$

两边同除以 Δx 得 $\qquad\dfrac{\Delta y}{\Delta x}=A+\dfrac{o(\Delta x)}{\Delta x}$

由此得到 $\qquad A+\dfrac{o(\Delta x)}{\Delta x}=f'(x)+\alpha$

上述等式两边当 $\Delta x\to0$ 时

$$A=f'(x)$$

得

$$\mathrm{d}y=f'(x)\Delta x$$

由此得到一个非常重要的结论:函数 $y=f(x)$ 在点 x 处可微的充分必要条件是函数 $y=f(x)$ 在点 x 处可导. 对于一元函数来说,函数的导数存在与微分存在是等价的.

若 $y=x$,则 $\mathrm{d}y=\mathrm{d}x=x'\Delta x=\Delta x$,所以 $\mathrm{d}x=\Delta x$,于是函数的微分又可以写成

$$\mathrm{d}y=f'(x)\mathrm{d}x$$

即函数的微分等于函数的导数与自变量微分的乘积.

上述充分必要条件用解析式可表示为

$$\mathrm{d}y=f'(x)\mathrm{d}x\quad\Leftrightarrow\quad\frac{\mathrm{d}y}{\mathrm{d}x}=f'(x)$$

函数的导数等于函数的微分与自变量的微分的商，因此导数又叫"微商"。在此之前，$\dfrac{\mathrm{d}y}{\mathrm{d}x}$只是作为一个整体记号表示导数，而现在可将它看作两个微分的商，使用起来就更加灵活方便。

【例 5.1】 求函数 $y=x^2$ 在点 $x=2$ 处，当 $\Delta x=0.01$ 时的微分与增量。

【解】 先求函数在任一点的微分
$$\mathrm{d}y = f'(x)\Delta x = (x^2)'\Delta x = 2x\Delta x$$

再求函数当 $x=2$，$\Delta x=0.01$ 时的微分
$$\mathrm{d}y\Big|_{\substack{x=2\\ \Delta x=0.01}} = 2x\Delta x\Big|_{\substack{x=2\\ \Delta x=0.01}} = 2\times 2\times 0.01 = 0.04$$

而函数的增量为
$$\Delta y = (2+0.01)^2 - 2^2 = 4\times 0.01 + (0.01)^2 = 0.040\,1$$

函数增量与微分相差
$$\Delta y - \mathrm{d}y = 0.040\,1 - 0.04 = 0.000\,1$$

【例 5.2】 求函数 $y=\sin x$ 在 $x=\dfrac{\pi}{4}$ 和 $x=\dfrac{\pi}{2}$ 处的微分。

【解】 先求函数的微分
$$\mathrm{d}y = y'\mathrm{d}x = \cos x\,\mathrm{d}x$$

再分别求函数 $y=\sin x$ 在 $x=\dfrac{\pi}{4}$ 和 $x=\dfrac{\pi}{2}$ 处的微分
$$\mathrm{d}y\big|_{x=\frac{\pi}{4}} = \cos x\,\mathrm{d}x\big|_{x=\frac{\pi}{4}} = \cos\frac{\pi}{4}\mathrm{d}x = \frac{\sqrt{2}}{2}\mathrm{d}x$$

$$\mathrm{d}y\big|_{x=\frac{\pi}{2}} = \cos x\,\mathrm{d}x\big|_{x=\frac{\pi}{2}} = \cos\frac{\pi}{2}\mathrm{d}x = 0$$

5.1.3 微分的几何意义

为了对微分有比较直观的了解，下面分析微分的几何意义。

函数 $y=f(x)$ 的图像如图 5.2 所示，过曲线上一点 $M(x,y)$ 作切线 MT，设 MT 的倾斜角为 α，由导数的几何意义可知，切线 MT 的斜率 $k=\tan\alpha = f'(x)$。

当自变量有增量 $\mathrm{d}x$ 时，相应的函数增量 $\Delta y = M'Q$。而相应的切线 MT 也有增量
$$PQ = \tan\alpha\,\mathrm{d}x = f'(x)\mathrm{d}x = \mathrm{d}y$$

因此，函数 $y=f(x)$ 在点 x 处的微分的几何意义是：曲线 $y=f(x)$ 在点 $M(x,y)$ 处的切线 MT 的纵坐标对应于 $\mathrm{d}x$ 的增量 PQ，即 $PQ=\mathrm{d}y$。

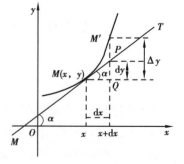

图 5.2

当 $\mathrm{d}x\to 0$ 时，在点 M 的邻近，可以用切线增量来近似代替曲线增量。在局部范围内用线性函数近似代替非线性函数，在几何上就是局部用直线近似代替曲线，这在数学上称为非线性函数的局部线性化，这是微分学的基本思想方法。

数学文化

牛顿、莱布尼茨与微积分

17世纪,生产力的发展推动了自然科学和技术的进行,不仅已有的数学成果得到进一步巩固、充实和扩大,而且由于实践的需要,开始研究运动着的物体和变化的量,这样就获得了变量的概念.到了17世纪下半叶,在前人创造性研究的基础上,英国大数学家、物理学家艾萨克·牛顿(1642—1727)从物理学的角度研究微积分,他为了解决运动问题,创立了一种和物理概念直接联系的数学理论,即"流数术"的理论,这实际上就是微积分理论.

牛顿指出,"流数术"基本上包括三类问题:

(1)已知流量之间的关系,求它们的流数的关系.这相当于微分学.

(2)已知表示流数之间的关系的方程,求相应的流量间的关系.这相当于积分学,牛顿意义下的积分法不仅包括求原函数,还包括解微分方程.

(3)"流数术"应用范围包括计算曲线的极大值、极小值,求曲线的切线和曲率,求曲线长度及计算曲边形面积等.

牛顿已完全清楚上述(1)与(2)两类问题中运算是互逆的,于是建立起微分学和积分学之间的联系.

牛顿在1665年5月20目的一份手稿中提到"流数术",因而有人把这一天作为诞生微积分的标志.

而德国数学家莱布尼茨(G. W. Leibniz,1646—1716)则是从几何方面独立发现了微积分.在牛顿和莱布尼茨之前至少有数十位数学家研究过,他们为微积分的诞生做出了开创性贡献.但是他们这些工作是零碎的、不连贯的,缺乏统一性.莱布尼茨创立微积分的途径与方法与牛顿是不同的.莱布尼茨是经过研究曲线的切线和曲线包围的面积,运用分析学方法引进微积分概念,从而得出运算法则的;牛顿在微积分的应用上更多地结合了运动学.莱布尼茨对微积分的表达形式既简洁又准确地揭示出微积分的实质,强有力地促进了高等数学的发展.

习题 5.1

1.已知函数 $y=x^2+3x-1$,计算当 x 由 1 变到 1.01 时的 Δy 及 $\mathrm{d}y$.

2.求下列函数在指定点的微分.

(1) $y=\ln(1+x)$,$x=1$　　　　　　　　(2) $y=x\mathrm{e}^x$,$x=0$

5.2 微分的运算法则

由关系式 $\mathrm{d}y = f'(x)\mathrm{d}x$ 可知，求函数的微分只要求出它的导数 $f'(x)$，再乘以自变量的微分即可. 因此，可得如下的微分公式和微分运算法则.

5.2.1 基本初等函数的微分公式

由基本初等函数的导数公式，可得到基本初等函数的微分公式.

$(1)\,\mathrm{d}(C) = 0$　（C 为常数）

$(2)\,\mathrm{d}(x^{\alpha}) = \alpha x^{\alpha-1}\mathrm{d}x$　（α 为任意实数）

$(3)\,\mathrm{d}(\sin x) = \cos x\,\mathrm{d}x$

$(4)\,\mathrm{d}(\cos x) = -\sin x\,\mathrm{d}x$

$(5)\,\mathrm{d}(\tan x) = \sec^2 x\,\mathrm{d}x$

$(6)\,\mathrm{d}(\cot x) = -\csc^2 x\,\mathrm{d}x$

$(7)\,\mathrm{d}(\sec x) = \sec x\,\tan x\,\mathrm{d}x$

$(8)\,\mathrm{d}(\csc x) = -\csc x\,\cot x\,\mathrm{d}x$

$(9)\,\mathrm{d}(a^x) = a^x \ln a\,\mathrm{d}x$

$(10)\,\mathrm{d}(\mathrm{e}^x) = \mathrm{e}^x\,\mathrm{d}x$

$(11)\,\mathrm{d}(\log_a x) = \dfrac{1}{x \ln a}\mathrm{d}x$

$(12)\,\mathrm{d}(\ln x) = \dfrac{1}{x}\mathrm{d}x$

$(13)\,\mathrm{d}(\arcsin x) = \dfrac{1}{\sqrt{1-x^2}}\mathrm{d}x$

$(14)\,\mathrm{d}(\arccos x) = -\dfrac{1}{\sqrt{1-x^2}}\mathrm{d}x$

$(15)\,\mathrm{d}(\arctan x) = \dfrac{1}{1+x^2}\mathrm{d}x$

$(16)\,\mathrm{d}(\operatorname{arccot} x) = -\dfrac{1}{1+x^2}\mathrm{d}x$

5.2.2 函数和、差、积、商的微分法则

由函数和、差、积、商的求导法则，可推得相应的微分法则.

设 $u(x)$ 和 $v(x)$ 都是 x 的可微函数，后面用 u,v 表示，C 为常数，则有

$(1)\,\mathrm{d}(u \pm v) = \mathrm{d}u \pm \mathrm{d}v$

$(2)\,\mathrm{d}(Cu) = C\mathrm{d}u$

$(3)\,\mathrm{d}(uv) = v\mathrm{d}u + u\mathrm{d}v$

$(4)\,\mathrm{d}\left(\dfrac{u}{v}\right) = \dfrac{v\mathrm{d}u - u\mathrm{d}v}{v^2}\,(v \neq 0)$

5.2.3 复合函数的微分法则

设函数 $y = f(u)$，$u = \varphi(x)$ 都是可微函数，则复合函数 $y = f[\varphi(x)]$ 的微分为

$$\mathrm{d}y = f'[\varphi(x)]\varphi'(x)\mathrm{d}x = f'(u)\varphi'(x)\mathrm{d}x = f'(u)\mathrm{d}u$$

即
$$\mathrm{d}y = f'(u)\mathrm{d}u$$

上式与 $\mathrm{d}y = f'(x)\mathrm{d}x$ 比较可知，不论 u 是自变量还是中间变量，函数 $y = f(u)$ 的微分总保持同一形式，这一性质称为一阶微分形式的不变性.

根据这一性质，上面所得到的微分基本公式中的 x 都可以换成可微函数 u，例如 $\mathrm{d}(\sin u) = \cos u\,\mathrm{d}u$，这里 u 是 x 的可微函数.

【例5.3】　设 $y = x^3 \sin x$，求 dy.

【解】　方法1：应用积的微分法则，得

$$dy = d(x^3 \sin x)$$
$$= \sin x \, d(x^3) + x^3 d(\sin x)$$
$$= \sin x \cdot 3x^2 dx + x^3 \cos x \, dx$$
$$= (3x^2 \sin x + x^3 \cos x) \, dx$$

方法2：先求出导数

$$y' = (x^3)' \sin x + x^3 (\sin x)' = 3x^2 \sin x + x^3 \cos x$$

得微分　　　$dy = y' dx = (3x^2 \sin x + x^3 \cos x) \, dx$

一般地，计算微分有两种方法：第一种方法，按照微分的运算法则计算；第二种方法，先计算函数的导数，再表示成微分的形式. 为了不增加新的计算难度，建议使用第二种方法.

【例5.4】　设 $y = \ln(1 - x^2)$，求 dy.

【解】　先求出导数

$$y' = \frac{1}{1 - x^2}(1 - x^2)' = \frac{-2x}{1 - x^2}$$

于是

$$dy = y' dx = \frac{-2x}{1 - x^2} dx$$

【例5.5】　设 $y = x^2 - 3^x - \sin x + \log_2 5$，求 dy.

【解】　由于　　$y' = 2x - 3^x \ln 3 - \cos x$

得微分　　　$dy = (2x - 3^x \ln 3 - \cos x) dx$

【例5.6】　已知 $y = \ln[f(\sqrt{x})]$，求 dy.

【解】　由于　　$y' = \frac{1}{f(\sqrt{x})} \cdot [f(\sqrt{x})]' = \frac{1}{f(\sqrt{x})} \cdot f'(\sqrt{x}) \cdot (\sqrt{x})' = \frac{1}{f(\sqrt{x})} \cdot f'(\sqrt{x}) \cdot \frac{1}{2\sqrt{x}}$

得微分　　　$dy = \frac{1}{2\sqrt{x}} \cdot \frac{1}{f(\sqrt{x})} \cdot f'(\sqrt{x}) dx$

5.2.4　特殊函数求微分

特殊函数的微分运算同样可以先求出其导数，再表示成微分的形式.

【例5.7】　求由方程 $\arctan y = \ln(x^2 + y)$ 所确定的隐函数 $y = y(x)$ 的微分 dy.

【解】　先按隐函数的求导法求出函数的导数，将方程两边同时对 x 求导

$$\frac{1}{1 + y^2} \cdot y' = \frac{1}{x^2 + y}(2x + y')$$

化简并求解得

$$y' = \frac{2x + 2xy^2}{x^2 + y - y^2 - 1}$$

则

$$dy = y' dx = \frac{2x + 2xy^2}{x^2 + y - y^2 - 1} dx$$

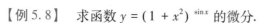

【例 5.8】 求函数 $y = (1 + x^2)^{\sin x}$ 的微分.

【解】 用对数求导法求出函数的导数

两边取对数

$$\ln y = \ln(1 + x^2)^{\sin x} = \sin x \cdot \ln(1 + x^2)$$

方程两边同时求导得

$$\frac{1}{y}y' = \cos x \ln(1 + x^2) + \frac{2x \sin x}{1 + x^2}$$

$$y' = (1 + x^2)^{\sin x}\left[\cos x \ln(1 + x^2) + \frac{2x \sin x}{1 + x^2}\right]$$

得微分 $\quad dy = y' dx = (1 + x^2)^{\sin x}\left[\cos x \ln(1 + x^2) + \frac{2x \sin x}{1 + x^2}\right] dx$

习题 5.2

1. 求下列函数的微分.

（1）$y = 2\sqrt{x} + \dfrac{1}{x}$

（2）$y = e^{3x}\sin x$

（3）$y = \dfrac{1}{4}x^3 + \ln(2x)$

（4）$y = (x^2 - x)^6$

（5）$y = \cos(1 + 2x^2)$

（6）$xy - \ln y - 3 = 0$

2. 将适当的函数填入下列括号内, 使等式成立.

（1）$d(\qquad) = 3dx$

（2）$d(\qquad) = 2x dx$

（3）$d(\qquad) = \dfrac{1}{\sqrt{x}}dx$

（4）$d(\qquad) = e^{-3x}dx$

（5）$d(\qquad) = \cos 2x dx$

（6）$d(\qquad) = \dfrac{1}{1 + x^2}dx$

5.3 微分在近似计算中的应用

由定义 5.1 可知, 如果函数 $y = f(x)$ 在点 x_0 处的导数 $f'(x_0) \neq 0$, 那么当 $\Delta x \to 0$ 时, 微分 dy 是函数改变量 Δy 的主要部分. 因此, 当 $|\Delta x|$ 充分小时, 忽略高阶无穷小量, 可用 dy 作为 Δy 的近似值, 即

$$\Delta y \approx dy = f'(x_0)\Delta x$$

即

$$\Delta y = f(x_0 + \Delta x) - f(x_0) \approx f'(x_0)\Delta x$$

或

$$f(x_0 + \Delta x) \approx f(x_0) + f'(x_0)\Delta x$$

由于 $\Delta x = x - x_0$ 或 $x = x_0 + \Delta x$，上述近似公式也可表示为

$$f(x) \approx f(x_0) + f'(x_0)(x - x_0)$$

在选取 x_0 时，一般要求 $f(x_0)$ 和 $f'(x_0)$ 都比较容易计算，并且 $|x - x_0|$ 相对较小. 下面以例题给予说明.

【例 5.9】　计算 $\sqrt[5]{0.95}$ 的近似值.

【解】　设函数 $f(x) = \sqrt[5]{x}$，得 $f'(x) = \dfrac{1}{5} x^{-\frac{4}{5}}$

由　　　$f(x_0 + \Delta x) \approx f(x_0) + f'(x_0)\Delta x$，得

$$\sqrt[5]{x_0 + \Delta x} \approx \sqrt[5]{x_0} + \frac{1}{5} x_0^{-\frac{4}{5}} \Delta x$$

取 $x_0 = 1$，$\Delta x = -0.05$ 则

$$\sqrt[5]{0.95} = \sqrt[5]{1 + (-0.05)} \approx \sqrt[5]{1} + \frac{1}{5} \cdot (1)^{-\frac{4}{5}} \cdot (-0.05) = 1 - 0.01 = 0.99$$

【例 5.10】　证明：当 $|x|$ 充分小时，有近似公式 $(1+x)^m \approx 1 + mx$（m 为实数）.

【证明】　因为 $|x|$ 充分小，所以可以考虑在 $x_0 = 0$ 附近的函数值问题.

设 $f(x) = (1+x)^m$，则 $f'(x) = m(1+x)^{m-1}$，由公式

$$f(x) \approx f(x_0) + f'(x_0)(x - x_0) \quad (|x - x_0| \ll 1)$$

取 $x_0 = 0$，得

$$(1+x)^m \approx (1+0)^m + m(1+0)^{m-1} \cdot (x - 0)$$

即　　　$(1+x)^m \approx 1 + mx$

当 $|x|$ 充分小时，有以下常用近似公式：

(1) $e^{-x} \approx 1 - x$　　　　　　　　(2) $\sin x \approx x$　　　　　　　　(3) $\tan x \approx x$

(4) $\arcsin x \approx x$　　　　　　　(5) $\arctan x \approx x$　　　　　　(6) $\ln(1 + x) \approx x$

(7) $\sqrt[h]{1 + x} \approx 1 + \dfrac{1}{h} x$

习题 5.3

1. 计算下列各题的近似值.

(1) $\sqrt{16.02}$　　　　　　　　　　(2) $\sin 29$

2. 证明当 $|x|$ 充分小时下列近似公式成立.

(1) $\sin x \approx x$　　　　　　　　(2) $\ln(1 + x) \approx x$

第6章 导数的应用

导数在自然科学和社会经济学中有着极其广泛的应用.本章将在介绍微分中值定理的基础上,运用"洛必达法则"求不确定型的极限;利用导数研究单调性、凹凸性等函数的基本性态,并简单介绍函数图像的描绘.

6.1 洛必达法则

6.1.1 微分中值定理

1)罗尔定理

定理6.1 如果函数 $f(x)$ 满足:

(1)在闭区间 $[a,b]$ 上连续;

(2)在开区间 (a,b) 内可导;

(3)在区间两端点处的函数值相等,即 $f(a)=f(b)$.

则在开区间 (a,b) 内至少存在一点 ξ,使得 $f'(\xi)=0$.

罗尔定理的几何意义:如图6.1所示,满足定理条件的函数在几何图形上是一条平滑的曲线,即曲线的每一点都有切线存在,两端点的纵坐标相等,则在此曲线上至少存在一点 ξ 使得曲线在该点的切线与 x 轴平行.

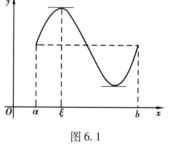

图6.1

【例6.1】 验证函数 $f(x)=x^2-4$ 在 $[-2,2]$ 上满足罗尔定理的条件,并求出定理中的 ξ.

【解】 因为函数 $f(x)=x^2-4$ 是定义在 $(-\infty,+\infty)$ 上的初等函数,所以在闭区间 $[-2,2]$ 上连续;又因为 $f'(x)=2x$,所以在开区间 $(-2,2)$ 内可导,且 $f(2)=f(-2)=0$.

故函数 $f(x)=x^2-4$ 在 $[-2,2]$ 上满足罗尔定理的条件,则在开区间 $(-2,2)$ 内至少存在一点 ξ,使得 $f'(\xi)=0$,解方程 $f'(\xi)=0$,即 $2\xi=0$,得 $\xi=0$.

【例6.2】 不求函数 $f(x)=(x-1)(x-2)(x-3)(x-4)$ 的导数,说明 $f'(x)=0$ 的实根个数.

【解】 函数 $f(x)$ 是定义在 $(-\infty,+\infty)$ 内的初等函数,所以在 $(-\infty,+\infty)$ 内连续.

又因为 $f'(x)$ 是三次多项式且定义域是 $(-\infty,+\infty)$,所以 $f(x)$ 在 $(-\infty,+\infty)$ 内连续可

导.并且$f(1)=f(2)=f(3)=f(4)=0$,故函数$f(x)$在闭区间$[1,2]$,$[2,3]$,$[3,4]$上都满足罗尔定理的条件,在此3个区间上分别使用罗尔定理,可得在开区间$(1,2)$,$(2,3)$和$(3,4)$内各至少存在一点ξ_1,ξ_2和ξ_3,使得$f'(\xi_1)=0$,$f'(\xi_2)=0$和$f'(\xi_3)=0$.

因为$f'(x)$为三次多项式,最多有3个实根,所以恰有3个实根,分别在$(1,2)$,$(2,3)$和$(3,4)$内.

2)拉格朗日中值定理

定理6.2　如果函数$f(x)$满足:

(1)在闭区间$[a,b]$上连续;

(2)在开区间(a,b)内可导.

则至少存在一点$\xi\in(a,b)$,使得

$$f'(\xi)=\frac{f(b)-f(a)}{b-a} \quad 或 \quad f(b)-f(a)=f'(\xi)(b-a) \quad (b\neq a)$$

拉格朗日中值定理的几何意义:如图6.2所示,满足定理条件的函数$f(x)$,其图像是在区间$[a,b]$内的一条连续光滑的曲线,即每一点$[x,f(x)]$的切线均存在.则该曲线在开区间(a,b)内至少存在一点ξ,使得该点处的切线与弦AB平行.

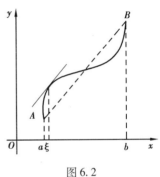

图6.2

在拉格朗日中值定理中,如果$f(a)=f(b)$,则得$f'(\xi)=0$,切线平行于x轴,是罗尔定理的结论.罗尔定理是拉格朗日中值定理的特殊情况.

【例6.3】　证明:设函数$f(x)$与$g(x)$在开区间(a,b)内有$f'(x)\equiv g'(x)$,则在开区间(a,b)内,恒有$f(x)-g(x)=C$或$f(x)=g(x)+C$(C为常数).

【证明】　令$\varphi(x)=f(x)-g(x)$,则$\varphi'(x)=f'(x)-g'(x)=0$,任取两点$x_1,x_2\in(a,b)$且$x_1\neq x_2$,在闭区间$[x_1,x_2]$上函数$\varphi(x)$满足拉格朗日定理的条件,必有$\xi\in(x_1,x_2)$使得

$$\varphi(x_2)-\varphi(x_1)=\varphi'(\xi)(x_2-x_1)$$

又因为$\varphi'(\xi)=0$,所以

$$\varphi(x_2)-\varphi(x_1)=0 \quad 即 \quad \varphi(x_2)=\varphi(x_1)$$

由x_1,x_2的任意性知,函数$\varphi(x)$在(a,b)内必恒等于常数C,即$\varphi(x)=C$,亦即

$$f(x)-g(x)=C \quad 或 \quad f(x)=g(x)+C$$

我们知道常数的导数等于零,本例题利用拉格朗日定理证明了导数为零的函数必为常数.这个结论在后面积分学研究中非常有用.

结论1　若函数$f(x)$在区间(a,b)内可导,且有$f'(x)=0$,则在(a,b)内$f(x)=C$.

结论2　若函数$f(x),g(x)$在区间(a,b)内可导,对任意x在(a,b)内,有$f'(x)=g'(x)$,则在(a,b)内,恒有

$$f(x)-g(x)=C \quad 或 \quad f(x)=g(x)+C \quad (C为常数)$$

【例 6.4】 证明：当 $x>0$ 时，$\ln(1+x)>\dfrac{x}{1+x}$.

【证明】 令 $f(x)=\ln(1+x)-\dfrac{x}{1+x}$ $(x>0)$，因为函数 $f(x)$ 是初等函数 $(x>0)$，所以在闭区间 $[0,x]$ 上连续，又因为

$$f'(x)=\frac{1}{1+x}-\frac{1}{(1+x)^2}=\frac{x}{(1+x)^2}$$

在开区间 $(0,x)$ 内可导，故函数 $f(x)$ 在闭区间 $[0,x]$ 上满足拉格朗日定理的条件，则至少存在一点 $\xi\in(0,x)$，使得

$$f(x)-f(0)=f'(\xi)(x-0)=\frac{\xi}{(1+\xi)^2}\cdot x$$

因为 $f(0)=0$，且在区间 $(0,x)$ 内有 $\dfrac{\xi}{(1+\xi)^2}\cdot x>0$，所以 $f(x)>0$，即

$$f(x)=\ln(1+x)-\frac{x}{1+x}>0$$

从而可得：当 $x>0$ 时，$\ln(1+x)>\dfrac{x}{1+x}$.

数学文化

微分中值定理的发展

微分中值定理是一系列中值定理的总称，它包括三个定理，是研究函数的有力工具. 微分中值定理反映了导数的局部性与函数的整体性之间的关系，三个定理中拉格朗日中值定理尤为重要，罗尔定理、柯西定理是拉格朗日定理的特殊情况或推广.

人类对微分中值定理的认识始于古希腊时代，当时的数学家们发现：过抛物线顶点的切线必平行于抛物线底端的连线. 同时，阿基米德利用这个结论求出了抛物线弓形的面积，这是拉格朗日中值定理的特殊情形.

17 世纪微积分建立之时，数学家开始对中值定理进行深入研究. 1627 年，意大利数学家卡瓦列里在《不可分量几何学》中描述：曲线段上必有一点的切线平行于曲线的弦. 这也就是后来的卡瓦列里定理，它反映了微分中值定理的几何意义.

1637 年，法国数学家费马（Fermat）在《求最大值和最小值的方法》中描述：函数在极值点处的导数为零. 它以皮埃尔·德·费马命名，称为费马引理. 通过证明可导函数的每一个可导的极值点都是驻点（函数的导数在该点为零），此定理给出了一个求解可微函数的最值的方法.

1691 年，法国数学家罗尔在《方程的解法》中给出了多项式形式的罗尔定理. 此定理后来发展成一般函数的罗尔定理，并且由费马引理推导出来.

1797 年，法国数学家拉格朗日在《解析函数论》中首先给出了拉格朗日中值定理，并提供了最初的证明，应用甚广. 后由法国数学家 O. 博内给出现代形式. 拉格朗日中值定理沟通了函数与其导数的联系，在研究函数的单调性、凹凸性以及不等式的证明等方面，都可能

会用到拉格朗日中值定理.

19 世纪 10 至 20 年代,法国的数学家柯西对微分中值定理进行了更加深入的研究. 在 18 世纪微积分的分析严密性备受质疑时,他的三部巨著《分析教程》《无穷小计算教程概论》和《微分计算教程》,以严格化为主要目标,创立了极限理论. 甚至可以说柯西对微积分理论进行了重构,他首先赋予中值定理以重要作用,使它成为微积分学的核心定理. 他在《无穷小计算教程概论》中严格地证明了拉格朗日定理,并在《微分计算教程》中将其推广,最后发现了柯西中值定理,建立了现在的独立学科微积分,柯西中值定理是拉格朗日中值定理的推广,是微分学的基本定理之一. 其几何意义为,用参数方程表示的曲线上至少有一点,它的切线平行于两端点所在的弦,该定理可以视作在参数方程下拉格朗日中值定理的表达形式.

拉格朗日简介

约瑟夫·拉格朗日(Joseph-Louis Lagrange,1736—1813年),法国著名数学家、物理学家.

他在数学、力学和天文学三个学科领域中都有历史性的贡献,其中尤以数学方面的成就最为突出.

他在数学上最突出的贡献是使数学分析与几何及力学脱离开来,使数学的独立性更明显,从此数学不再仅仅是其他学科的工具. 拉格朗日总结了 18 世纪的数学成果,同时又为 19 世纪的数学研究开辟了道路,堪称法国最杰出的数学大师.

6.1.2　洛必达法则

如果两个函数 $f(x),g(x)$ 在自变量 x 的某一变化过程的极限都为零,即

$$\lim_{\substack{x \to x_0 \\ (x \to \infty)}} f(x) = 0, \ \lim_{\substack{x \to x_0 \\ (x \to \infty)}} g(x) = 0$$

则称 $\lim \dfrac{f(x)}{g(x)}$ 的极限为 "$\dfrac{0}{0}$" 的不确定型,简称未定式(或不定式);如果在自变量 x 的某一变化过程有

$$\lim_{\substack{x \to x_0 \\ (x \to \infty)}} f(x) = \infty, \ \lim_{\substack{x \to x_0 \\ (x \to \infty)}} g(x) = \infty$$

则称 $\lim\limits_{\substack{x \to x_0 \\ (x \to \infty)}} \dfrac{f(x)}{g(x)}$ 的极限为 "$\dfrac{\infty}{\infty}$" 的不确定型,简称未定式(或不定式).

对于极限计算中的 "$\dfrac{0}{0}$" 或 "$\dfrac{\infty}{\infty}$" 型的未定式,其最后的极限可能存在,也可能不存在,这类函数极限的计算通常都比较困难. 下面我们引入洛必达法则,用以计算此类未定式的极限.

1)"$\dfrac{0}{0}$"型未定式的极限

定理 6.3(洛必达第一法则)　设函数 $f(x)$ 和 $g(x)$ 在 x_0 的某去心邻域内有定义且满足

条件：

（1）$\lim\limits_{x \to x_0} f(x) = 0, \lim\limits_{x \to x_0} g(x) = 0$；

（2）在 x_0 的去心邻域内 $f'(x), g'(x)$ 都存在，且 $g'(x) \neq 0$；

（3）$\lim\limits_{x \to x_0} \dfrac{f'(x)}{g'(x)}$ 存在或为 ∞.

则　　$\lim\limits_{x \to x_0} \dfrac{f(x)}{g(x)} = \lim\limits_{x \to x_0} \dfrac{f'(x)}{g'(x)}$

注　意

当 $x \to \infty$ 时，上述洛必达法则仍成立.

【例 6.5】　求极限 $\lim\limits_{x \to 0} \dfrac{\sin x}{x}$.

【解】　因为 $\lim\limits_{x \to 0} \sin x = 0, \lim\limits_{x \to 0} x = 0$，则 $\lim\limits_{x \to 0} \dfrac{\sin x}{x}$ 是"$\dfrac{0}{0}$"的未定式，所以

$$\lim\limits_{x \to 0} \dfrac{\sin x}{x} = \lim\limits_{x \to 0} \dfrac{(\sin x)'}{x'}$$

$$= \lim\limits_{x \to 0} \dfrac{\cos x}{1} = 1$$

【例 6.6】　求极限 $\lim\limits_{x \to 5} \dfrac{\sqrt{x-1} - 2}{x-5}$.

【解】　$\lim\limits_{x \to 5} \dfrac{\sqrt{x-1} - 2}{x-5} \left(\dfrac{0}{0}型\right) = \lim\limits_{x \to 5} \dfrac{(\sqrt{x-1} - 2)'}{(x-5)'} = \lim\limits_{x \to 5} \dfrac{\dfrac{1}{2\sqrt{x-1}}}{1} = \dfrac{1}{4}$

【例 6.7】　求极限 $\lim\limits_{x \to 0} \dfrac{e^x - e^{-x}}{x^2}$.

【解】　$\lim\limits_{x \to 0} \dfrac{e^x - e^{-x}}{x^2} \left(\dfrac{0}{0}型\right) = \lim\limits_{x \to 0} \dfrac{(e^x - e^{-x})'}{(x^2)'} = \lim\limits_{x \to 0} \dfrac{e^x + e^{-x}}{2x} = \infty$

【例 6.8】　求极限 $\lim\limits_{x \to 2} \dfrac{2x^3 - 11x^2 + 20x - 12}{x^3 - x^2 - 8x + 12}$.

【解】　　$\lim\limits_{x \to 2} \dfrac{2x^3 - 11x^2 + 20x - 12}{x^3 - x^2 - 8x + 12} \left(\dfrac{0}{0}型\right)$

$$= \lim\limits_{x \to 2} \dfrac{6x^2 - 22x + 20}{3x^2 - 2x - 8} \left(\dfrac{0}{0}型\right)$$

$$= \lim\limits_{x \to 2} \dfrac{12x - 22}{6x - 2} = \dfrac{1}{5}$$

例 6.8 中两次重复使用洛必达法则. 洛必达法则是充分条件，在满足定理的条件下且 $f(x), g(x)$ 有任意阶导数，则有

$$\lim_{x \to x_0} \frac{f(x)}{g(x)} = \lim_{x \to x_0} \frac{f'(x)}{g'(x)} = \lim_{x \to x_0} \frac{f''(x)}{g''(x)} = = \cdots = \lim_{x \to x_0} \frac{f^{(n)}(x)}{g^{(n)}(x)} = \cdots$$

【例6.9】 求极限 $\lim\limits_{x \to 0} \dfrac{x^2 \sin \dfrac{1}{x}}{\sin x}$.

【解】 $\lim\limits_{x \to 0} \dfrac{x^2 \sin \dfrac{1}{x}}{\sin x}\left(\dfrac{0}{0} \, 型\right) = \lim\limits_{x \to 0} \dfrac{\left(x^2 \sin \dfrac{1}{x}\right)'}{(\sin x)'} = \lim\limits_{x \to 0} \dfrac{2x \sin \dfrac{1}{x} - \cos \dfrac{1}{x}}{\cos x}$

由解可知,分子的极限是振荡性不存在,而分母的极限存在,故 $\lim\limits_{x \to 0} \dfrac{2x \sin \dfrac{1}{x} - \cos \dfrac{1}{x}}{\cos x}$ 不存在. 此时洛必达法则失效,需用其他方法来求此极限.

把分子、分母同除以 x,得 $\lim\limits_{x \to 0} \dfrac{x \sin \dfrac{1}{x}}{\dfrac{\sin x}{x}}$,分子 $\lim\limits_{x \to 0}\left(x \sin \dfrac{1}{x}\right) = 0$(无穷小量与有界变量的积),$\lim\limits_{x \to 0} \dfrac{\sin x}{x} = 1$(第一个重要极限),代入可得

$$\lim_{x \to 0} \frac{x^2 \sin \dfrac{1}{x}}{\sin x} = \lim_{x \to 0} \frac{x \sin \dfrac{1}{x}}{\dfrac{\sin x}{x}} = 0$$

2)"$\dfrac{\infty}{\infty}$"型未定式的极限

定理6.4(洛必达第二法则) 设函数 $f(x)$ 和 $g(x)$ 在 x_0 的某去心邻域内有定义且满足条件:

(1) $\lim\limits_{x \to x_0} f(x) = \infty$,$\lim\limits_{x \to x_0} g(x) = \infty$;

(2) 在 x_0 的去心邻域内 $f'(x)$,$g'(x)$ 都存在,且 $g'(x) \neq 0$;

(3) $\lim\limits_{x \to x_0} \dfrac{f'(x)}{g'(x)}$ 存在或为 ∞.

则 $\lim\limits_{x \to x_0} \dfrac{f(x)}{g(x)} = \lim\limits_{x \to x_0} \dfrac{f'(x)}{g'(x)}$

同样,当 $x \to \infty$ 时,定理仍成立.

【例6.10】 求极限 $\lim\limits_{x \to +\infty} \dfrac{\ln x}{x}$.

【解】 $\lim\limits_{x \to +\infty} \dfrac{\ln x}{x}\left(\dfrac{\infty}{\infty} \, 型\right) = \lim\limits_{x \to +\infty} \dfrac{(\ln x)'}{(x)'} = \lim\limits_{x \to +\infty} \dfrac{1}{x} = 0$

【例6.11】 求极限 $\lim\limits_{x \to +\infty} \dfrac{\sqrt{x^2+1}}{4x-3}$.

【解】 $\lim\limits_{x\to+\infty}\dfrac{\sqrt{x^2+1}}{4x-3}\left(\dfrac{\infty}{\infty}\ 型\right)=\lim\limits_{x\to+\infty}\dfrac{(\sqrt{x^2+1})'}{(4x-3)'}=\lim\limits_{x\to+\infty}\dfrac{\dfrac{x}{\sqrt{x^2+1}}}{4}$

$$=\frac{1}{4}\lim\limits_{x\to+\infty}\frac{x}{\sqrt{x^2+1}}\left(\frac{\infty}{\infty}\ 型\right)=\frac{1}{4}\lim\limits_{x\to+\infty}\frac{1}{\dfrac{x}{\sqrt{x^2+1}}}$$

$$=\frac{1}{4}\lim\limits_{x\to+\infty}\frac{\sqrt{x^2+1}}{x}\left(\frac{\infty}{\infty}\ 型\right)$$

上述解题过程中循环出现"$\dfrac{\infty}{\infty}$"的未定式，此时洛必达法则失效，需用另外的方法求解.

$$\lim\limits_{x\to+\infty}\frac{\sqrt{x^2+1}}{4x-3}=\lim\limits_{x\to+\infty}\frac{x\sqrt{1+\dfrac{1}{x^2}}}{x\left(4-\dfrac{3}{x}\right)}=\lim\limits_{x\to+\infty}\frac{\sqrt{1+\dfrac{1}{x^2}}}{4-\dfrac{3}{x}}=\frac{1}{4}$$

【例 6.12】 求极限 $\lim\limits_{x\to0^+}\dfrac{\ln\sin x}{\ln x}$.

【解】 $\lim\limits_{x\to0^+}\dfrac{\ln\sin x}{\ln x}\left(\dfrac{\infty}{\infty}\ 型\right)=\lim\limits_{x\to0^+}\dfrac{(\ln\sin x)'}{(\ln x)'}$

$$=\lim\limits_{x\to0^+}\frac{x\cos x}{\sin x}\left(\frac{0}{0}\ 型\right)$$

$$=\lim\limits_{x\to0^+}\frac{\cos x-x\sin x}{\cos x}=1$$

分析上述例题可得出：无论是"$\dfrac{0}{0}$"型还是"$\dfrac{\infty}{\infty}$"型的未定式，用洛必达第一、第二法则求极限时，求解的顺序都一致，首先判定是否为"$\dfrac{0}{0}$"或"$\dfrac{\infty}{\infty}$"型，接着对分子、分母分别求导数，然后再继续求极限.

未定式极限除"$\dfrac{0}{0}$"型与"$\dfrac{\infty}{\infty}$"型外，还有其他一些类型，如 $0\cdot\infty$，$\infty-\infty$，0^0，1^∞ 型等，一般是将这些类型转化成这两个基本类型后，再用洛必达法则求解. 下面通过几个实例说明这种方法.

【例 6.13】 求极限 $\lim\limits_{x\to0^+}x\ln x$.

【解】 因为 $\lim\limits_{x\to0^+}x=0$，$\lim\limits_{x\to0^+}\ln x=\infty$，所以 $\lim\limits_{x\to0^+}x\ln x$ 是"$0\cdot\infty$"型的未定式极限，不能直接使用洛必达法则.

$$\lim\limits_{x\to0^+}x\ln x\,(0\cdot\infty\ 型)=\lim\limits_{x\to0^+}\frac{\ln x}{\dfrac{1}{x}}\left(\frac{\infty}{\infty}\ 型\right)$$

$$=\lim\limits_{x\to0^+}(-x)=0$$

【例 6.14】　求极限 $\lim\limits_{x\to 1}\left(\dfrac{x}{x-1}-\dfrac{2}{x^2-1}\right).$

【解】　$\lim\limits_{x\to 1}\left(\dfrac{x}{x-1}-\dfrac{2}{x^2-1}\right)$　（$\infty-\infty$ 型）

$$=\lim\limits_{x\to 1}\dfrac{x^2+x-2}{x^2-1}\left(\dfrac{0}{0}\text{型}\right)$$

$$=\lim\limits_{x\to 1}\dfrac{2x+1}{2x}=\dfrac{3}{2}$$

【例 6.15】　求极限 $\lim\limits_{x\to 0}\left(\dfrac{1}{\sin x}-\dfrac{\cos x}{\sin x}\right).$

【解】　$\lim\limits_{x\to 0}\left(\dfrac{1}{\sin x}-\dfrac{\cos x}{\sin x}\right)$　（$\infty-\infty$ 型）

$$=\lim\limits_{x\to 0}\dfrac{1-\cos x}{\sin x}\left(\dfrac{0}{0}\text{型}\right)$$

$$=\lim\limits_{x\to 0}\dfrac{\sin x}{\cos x}=0$$

【例 6.16】　求极限 $\lim\limits_{x\to 1}x^{\frac{1}{1-x}}.$

【解】　方法1：$\lim\limits_{x\to 1}x^{\frac{1}{1-x}}(1^{\infty}\text{ 型})=\lim\limits_{x\to 1}e^{\ln x^{\frac{1}{1-x}}}(\text{采用对数恒等式 }e^{\ln y}=y)=\lim\limits_{x\to 1}e^{\frac{1}{1-x}\ln x}$

$$=e^{\lim\limits_{x\to 1}\frac{\ln x}{1-x}}\left(\dfrac{0}{0}\text{ 型}\right)$$

$$=e^{\lim\limits_{x\to 1}\frac{\frac{1}{x}}{-1}}=e^{-1}$$

方法2：$\lim\limits_{x\to 1}x^{\frac{1}{1-x}}(1^{\infty}\text{ 型})=\lim\limits_{x\to 1}\left[(1+x-1)^{\frac{1}{x-1}}\right]^{-1}=e^{-1}(\text{第二个重要极限})$

【例 6.17】　求极限 $\lim\limits_{x\to 0^+}x^x.$

【解】　$\lim\limits_{x\to 0^+}x^x(0^0\text{ 型})=\lim\limits_{x\to 0^+}e^{\ln x^x}$

$$=\lim\limits_{x\to 0^+}e^{x\ln x}$$

$$=e^{\lim\limits_{x\to 0^+}\frac{\ln x}{\frac{1}{x}}}\left(\dfrac{\infty}{\infty}\text{ 型}\right)$$

$$=e^{\lim\limits_{x\to 0^+}-x}=e^0=1$$

习题 6.1

1. 函数 $f(x)=x^2-2x+3$ 在区间 $[-1,3]$ 上是否满足罗尔定理的条件？若满足，求出 ξ.

2. 函数 $f(x)=\ln x$ 在区间 $[1,e]$ 上是否满足拉格朗日中值定理的条件？若满足，求

出 ξ.

3. 求下列函数的极限.

(1) $\lim\limits_{x\to 1}\dfrac{\sin(x-1)}{x^3-1}$

(2) $\lim\limits_{x\to 0^+}\dfrac{\ln(1+x)}{x}$

(3) $\lim\limits_{x\to 0}\dfrac{x^2-x}{1-\cos x}$

(4) $\lim\limits_{x\to -\infty}\dfrac{\ln(e^x+1)}{e^x}$

(5) $\lim\limits_{x\to 2}\dfrac{x^2-4}{\sqrt{x-1}-1}$

(6) $\lim\limits_{x\to 0}\dfrac{x-x\cos x}{x-\sin x}$

(7) $\lim\limits_{x\to 0}\dfrac{1-\cos x}{e^x+e^{-x}-2}$

(8) $\lim\limits_{x\to 0}\dfrac{x-\sin x}{e^x-\cos x-x}$

4. 求下列函数的极限.

(1) $\lim\limits_{x\to +\infty}\dfrac{x^2+2}{e^x-1}$

(2) $\lim\limits_{x\to +\infty}\dfrac{x+e^{2x}}{x+e^{-2x}}$

(3) $\lim\limits_{x\to 0^+}\dfrac{\log_2 x}{\ln x}$

(4) $\lim\limits_{x\to +\infty}\dfrac{\ln(e^x+1)}{e^x}$

(5) $\lim\limits_{x\to +\infty}\dfrac{\ln(1+e^x)}{x+1}$

(6) $\lim\limits_{x\to +\infty}\dfrac{\ln x+e^{-x}}{3x+1}$

5. 求下列函数的极限.

(1) $\lim\limits_{x\to 0^+}x^2\ln x$

(2) $\lim\limits_{x\to 0^+}\sin x\ln x$

(3) $\lim\limits_{x\to 1}\left(\dfrac{2}{x^2-1}-\dfrac{4}{x-1}\right)$

(4) $\lim\limits_{x\to 1}\left(\dfrac{x}{x-1}-\dfrac{1}{\ln x}\right)$

6. 计算下列极限能否使用洛必达法则，说明理由.

(1) $\lim\limits_{x\to \infty}\dfrac{2x+\cos^2 x}{x}$

(2) $\lim\limits_{x\to 0}\dfrac{2x-\sin x}{x+\sin x}$

6.2 函数的单调性与极值

6.2.1 函数的单调性

函数在某区间上的单调性包括单调递增和单调递减，到目前为止我们只能用定义来判断函数的单调性，对于一些较复杂的函数直接用定义来判定显得非常困难甚至无法判断. 这一节将讨论如何用导数符号来判定函数的单调性.

设函数 $f(x)$ 在闭区间 $[a,b]$ 上连续，在 (a,b) 内可导，如果函数在 $[a,b]$ 上是单调递增的函数，则此曲线上任意一点的切线的倾斜角 α 为锐角 $(0<\alpha<\dfrac{\pi}{2})$，即 $f'(x)>0$；如果函数在 $[a,b]$ 上是单调递减的函数，则此曲线上任意一点的切线的倾斜角 α 为钝角 $(\dfrac{\pi}{2}<\alpha<\pi)$，即 $f'(x)<0$. 故函数的单调性与其导数的符号密切相关.

定理 6.5　设函数 $f(x)$ 在 $[a,b]$ 上连续,在 (a,b) 内可导,则有:

(1)若在 $x\in(a,b)$ 时,有 $f'(x)>0$,则函数 $f(x)$ 在区间 $[a,b]$ 上单调递增;

(2)若在 $x\in(a,b)$ 时,有 $f'(x)<0$,则函数 $f(x)$ 在区间 $[a,b]$ 上单调递减.

【证明】　任取两点 $x_1,x_2\in(a,b)$,且 $x_1<x_2$. 由于函数 $f(x)$ 在 (a,b) 内可导,$f(x)$ 在区间 $[x_1,x_2]$ 上满足拉格朗日中值定理的条件,于是至少存在一个点 $\xi\in(x_1,x_2)$,使得

$$f(x_2)-f(x_1)=f'(\xi)(x_2-x_1)$$

于是可得:

(1)若 $f'(x)>0$,则 $f'(\xi)>0$,又 $x_1<x_2$,故

$$f(x_2)-f(x_1)=f'(\xi)(x_2-x_1)>0 \quad 即 \quad f(x_2)>f(x_1)$$

所以函数 $f(x)$ 在区间 $[a,b]$ 上单调递增;

(2)若 $f'(x)<0$,则 $f'(\xi)<0$,又 $x_1<x_2$,故

$$f(x_2)-f(x_1)=f'(\xi)(x_2-x_1)<0 \quad 即 \quad f(x_2)<f(x_1)$$

所以函数 $f(x)$ 在区间 $[a,b]$ 上单调递减.

如果函数 $f(x)$ 在 $[a,b]$ 上单调递增,称 $f(x)$ 是区间 $[a,b]$ 上的增函数,区间 $[a,b]$ 称为函数的单调递增区间;如果函数 $f(x)$ 在 $[a,b]$ 上单调递减,称 $f(x)$ 是区间 $[a,b]$ 上的减函数,区间 $[a,b]$ 称为函数的单调递减区间.

【例 6.18】　求函数 $y=2x^2-\ln x$ 的单调区间.

【解】　此函数的定义域为 $(0,+\infty)$,且有导数

$$y'=4x-\frac{1}{x}=\frac{4x^2-1}{x}=\frac{(2x-1)(2x+1)}{x}$$

令 $y'=0\Rightarrow x_1=\frac{1}{2},x_2=-\frac{1}{2}$(舍去),用 $x=\frac{1}{2}$ 分函数的定义域,列表讨论 y' 的符号确定函数的单调性(见表 6.1)

表 6.1

x	$\left(0,\frac{1}{2}\right)$	$\frac{1}{2}$	$\left(\frac{1}{2},+\infty\right)$
y'	−	0	+
y	↘		↗

从上表可得:函数 y 单调递增的区间为 $\left(\frac{1}{2},+\infty\right)$,单调递减的区间为 $\left(0,\frac{1}{2}\right)$.

利用函数的单调性可以证明某些不等式.

【例 6.19】　用函数的单调性证明:当 $x>1$ 时,$e^x>ex$.

【证明】　设函数 $f(x)=e^x-ex$,则有 $f'(x)=e^x-e$.

当 $x>1$ 时,$f'(x)=e^x-e>0$,故函数 $f(x)$ 在区间 $(1,+\infty)$ 上单调递增.

由定义可得 $f(x)>f(1)$,而 $f(1)=e-e=0$. 即 $f(x)>0$,$e^x-ex>0$.

故当 $x>1$ 时,$e^x>ex$.

6.2.2　函数的极值

极值问题与自然科学、工程技术、国民经济和生活实践密切相关，最优化理论在生活中有着广泛的应用，本节将介绍极值及其相关问题.

定义 6.1（极值的定义）　设函数 $f(x)$ 在点 x_0 及其邻域内有定义，对此邻域内任意一点 $x(x \neq x_0)$，恒有：

(1) $f(x) < f(x_0)$，则称 $f(x_0)$ 为函数 $f(x)$ 的一个极大值，x_0 称为函数 $f(x)$ 的一个极大值点；

(2) $f(x) > f(x_0)$，则称 $f(x_0)$ 为函数 $f(x)$ 的一个极小值，x_0 称为函数 $f(x)$ 的一个极小值点.

函数的极大值、极小值统称为函数的极值，极大值点、极小值点统称为函数的极值点.

函数极值是一个局部性概念，极大值即局部相对最大，极小值即局部相对最小，函数在定义域上极值可能有多个，极大值并不一定大于极小值，极小值不一定小于极大值.

函数极值是函数的局部性质. 根据函数极值的定义，$f(x_1)$，$f(x_3)$，$f(x_5)$ 为函数的极大值，而 $f(x_2)$，$f(x_4)$ 为函数的极小值，且在此例中极小值 $f(x_2)$ 大于极大值 $f(x_5)$.

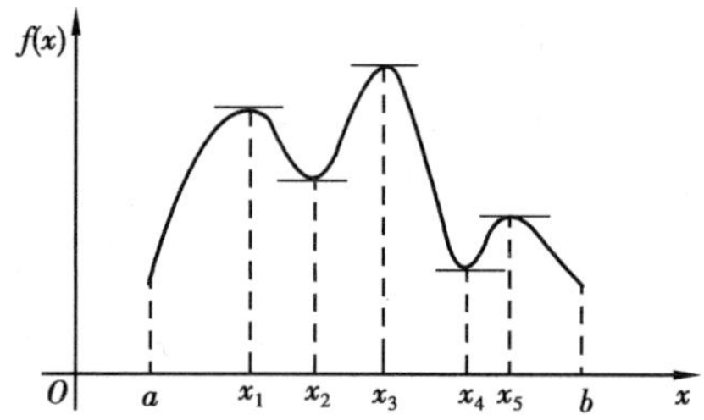

如图 6.3 所示，函数在极值点处的切线都平行于 x 轴 $[f'(x) = 0]$，且在极值点的左右，函数的单调性发生转变 $[f'(x)$ 的符号相反].

图 6.3

定理 6.6（极值存在的必要条件）　如果函数 $f(x)$ 在 x_0 处可导，且在点 x_0 处取得极值，则必有 $f'(x_0) = 0$.

定理的逆定理不成立，即 $f'(x) = 0$，但函数 $f(x)$ 在 x_0 处不一定取得极值，如图 6.4 中 $f'(x_5) = 0$，但函数在点 x_5 处取不到极值.

例如，函数 $f(x) = x^3$ 在点 $x = 0$ 处的导数为零，但函数在该点取不到极值.

驻点：导数为零的点称为函数的驻点，即若 $f'(x_0) = 0$，x_0 是 $f(x)$ 的驻点.

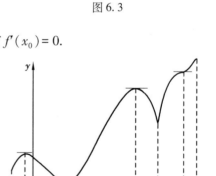

图 6.4

驻点与极值点关系：定理 6.6 说明函数的可导极值点一定为驻点，但驻点不一定为极值点.

不可导点：函数 $f(x)$ 在导数不存在的连续点也可能取得极值，如图 6.4 中 x_4. 例如，函数 $f(x) = |x|$ 在 $x = 0$ 处导数不存在（尖点或折点不可导），但函数在该点取得极小值.

极值点存在的范围：把驻点和导数不存在的连续点统称为函数的可能极值点，或者说极值点存在于驻点和导数不存在的连续点之中.

定理 6.7（极值存在的第一充分条件）　已知函数 $f(x)$ 在 x_0 及其邻域内连续，且在 x_0 的去心邻域内可导，则有：

(1) 当 $x < x_0$ 时 $f'(x) > 0$，当 $x > x_0$ 时 $f'(x) < 0$，则 $f(x_0)$ 为函数 $f(x)$ 的极大值，x_0 为极大

值点;

（2）当 $x<x_0$ 时 $f'(x)<0$，当 $x>x_0$ 时 $f'(x)>0$，则 $f(x_0)$ 为函数 $f(x)$ 的极小值，x_0 为极小值点;

（3）当 $x<x_0$ 和 $x>x_0$ 时，恒有 $f'(x)>0$ 或 $f'(x)<0$，则 $f(x_0)$ 不是函数 $f(x)$ 的极值.

由定理6.7可知在极值点左右，函数的单调性是不一致的即导数的符号相反.

由此总结出求极值的一般步骤:

（1）确定函数的定义域，并求 $f'(x)$;

（2）令 $f'(x)=0$，求出驻点和导数 $f'(x)$ 不存在的连续点，并按从小到大的顺序来划分定义域，并绘出表格;

（3）在表格中讨论 $f'(x)$ 的符号，确定极值点并求得极值.

【例6.20】　求函数 $f(x)=-2x^3+3x^2$ 的单调区间与极值.

【解】　函数的定义域为:$(-\infty,+\infty)$，$f'(x)=6x-6x^2=6x(1-x)$.

$$f'(x)=0 \Rightarrow 6x(1-x)=0$$

解得 $x_1=0$，$x_2=1$，用 $x_1=0$，$x_2=1$ 分函数的定义域列表讨论（见表6.2）:

表6.2

x	$(-\infty,0)$	0	$(0,1)$	1	$(1,+\infty)$
$f'(x)$	－	0	＋	0	－
$f(x)$	↘	极小值	↗	极大值	↙

函数 $f(x)$ 在区间 $(0,1)$ 上单调递增;在区间 $(-\infty,0)\cup(1,+\infty)$ 上单调递减.

在 $x=0$ 时取得极小值 $f(0)=0$，在 $x=1$ 处取得极大值 $f(1)=1$.

【例6.21】　求函数 $f(x)=e^{2x}+e^{-2x}+3$ 的极值.

【解】　函数的定义域为:$(-\infty,+\infty)$，$f'(x)=2e^{2x}-2e^{-2x}=2(e^{2x}-e^{-2x})$.

令 $f'(x)=0$，得 $x=0$，列表讨论见表6.3.

表6.3

x	$(-\infty,0)$	0	$(0,+\infty)$
$f'(x)$	－	0	＋
$f(x)$	↘	极小值	↗

从表6.3中观察得:极小值 $=f(0)=5$，无极大值.

【例6.22】　求函数 $f(x)=x-\sqrt[3]{x^2}$ 的极值.

【解】　函数 $f(x)$ 的定义域为:$(-\infty,+\infty)$，且

$$f'(x)=1-\frac{2}{3}x^{-\frac{1}{3}}=\frac{3\sqrt[3]{x}-2}{3\sqrt[3]{x}}$$

令 $f'(x)=0$，得 $x_1=\frac{8}{27}$，导数 $f'(x)$ 不存在的连续点为 $x_2=0$，列表讨论见表6.4.

表 6.4

x	$(-\infty,0)$	0	$\left(0,\dfrac{8}{27}\right)$	$\dfrac{8}{27}$	$\left(\dfrac{8}{27},+\infty\right)$
$f'(x)$	$+$	不存在	$-$	0	$+$
$f(x)$	↗	极大值	↘	极小值	↗

从表 6.4 中观察得, 极大值 $f(0)=0$, 极小值 $f\left(\dfrac{8}{27}\right)=-\dfrac{4}{27}$.

定理 6.8(极值存在的第二充分条件)　函数 $f(x)$ 在 x_0 及其邻域内有一、二阶导数存在, 且 $f'(x_0)=0$(即 x_0 为驻点), $f''(x_0)\neq0$. 则有:

(1)若 $f''(x_0)>0$, 则 $f(x_0)$ 为极小值;

(2)若 $f''(x_0)<0$, 则 $f(x_0)$ 为极大值.

【例 6.23】　求函数 $f(x)=2x^3-6x^2-18x+7$ 的极值.

【解】　函数的定义域为: $(-\infty,+\infty)$,　$f'(x)=6x^2-12x-18=6(x+1)(x-3)$.

令 $f'(x)=0$, 得 $x_1=-1,x_2=3$. 又因为

$$f''(x)=12x-12=12(x-1)$$

则 $f''(-1)=-24<0$, 故极大值为 $f(-1)=17$.

而 $f''(3)=24>0$, 故极小值为 $f(3)=-47$.

【例 6.24】　求函数 $f(x)=4x^3-3x^2-6x+5$ 的极值.

【解】　函数的定义域为: $(-\infty,+\infty)$, $f'(x)=12x^2-6x-6=6(2x+1)(x-1)$.

令 $f'(x)=0$, 得 $x_1=-\dfrac{1}{2},x_2=1$, 又因为

$$f''(x)=24x-6=6(4x-1)$$

则 $f''\left(-\dfrac{1}{2}\right)=-18<0$, 故极大值为 $f\left(-\dfrac{1}{2}\right)=\dfrac{27}{4}$.

而 $f''(1)=18>0$, 故极小值为 $f(1)=0$.

习题 6.2

1. 证明下列不等式.

(1)当 $0<x<1$ 时, $e^x<\dfrac{1}{1-x}$　　(2)当 $x>0$ 时, $\arctan x>x-\dfrac{1}{3}x^3$

2. 求下列函数的单调区间与极值.

(1)$f(x)=x^2-2x+5$　　　　　　　　(2)$f(x)=\dfrac{1}{3}x^3-2x^2+3x+1$

(3)$f(x)=x^2e^{-x}$　　　　　　　　　(4)$f(x)=x-\ln(1+x)$

3. 求下列函数的极值.

(1)$f(x)=2x^2-\ln x$　　　　　　　(2)$f(x)=3x^2-2x^3$

(3)$f(x)=4x^3-3x^2-6x+3$　　　(4)$f(x)=2x^2-x^4+1$

4. 设函数$f(x)=ax^3+x^2+1$在点$x=2$取得极值,求常数a的值.

6.3　函数的最值及应用

　　函数的最值是指函数在整个定义域区间上的最大值和最小值. 函数的极值与最值是两个不同的概念. 函数的极值反映的是函数的局部最大或最小,而函数的最值反映的全局或整个定义域上的最大或最小.

　　一般情况下,函数的极值不一定是最值,极值点也不一定是最值点,但在一定条件下,极值与最值又有着紧密的联系.

6.3.1　连续函数在闭区间上的最值

　　前面已经学习过最大值最小值定理,如果函数$f(x)$在区间$[a,b]$上连续,则$f(x)$在区间$[a,b]$上一定能够取到最大值和最小值.

　　求连续函数$f(x)$在区间$[a,b]$上最大值和最小值的方法是:

　　(1)先求出函数在(a,b)内所有可能的极值及$f(a)$,$f(b)$(端点值);

　　(2)比较(a,b)内所有可能的极值及$f(a)$,$f(b)$(端点值),其中最大者即为函数在此区间上的最大值,最小者即为函数在此区间上的最小值.

【例6.25】　求函数$f(x)=x^4-8x^2+6$,$x\in[-1,3]$上的最值.

【解】　$f(x)$在$[-1,3]$上连续,且$f'(x)=4x^3-16x=4x(x-2)(x+2)$

令$f'(x)=0$,得$x_1=-2$(舍去),$x_2=0$,$x_3=2$.

且$f''(x)=12x^2-16$,有$f''(0)<0[f(0)$极大值$]$,$f''(2)>0[f(2)$极小值$]$.

计算驻点处函数值和两端点函数值:

$$f(0)=6,f(2)=-10,f(-1)=-1,f(3)=15$$

比较上面的函数值可得,函数在此闭区间上的最大值:$f(3)=15$,最小值:$f(2)=-10$.

【例6.26】　求函数$f(x)=\dfrac{x}{2}-\sqrt{x}$,$x\in[0,9]$上的最值.

【解】　$f'(x)=\dfrac{1}{2}-\dfrac{1}{2\sqrt{x}}=\dfrac{\sqrt{x}-1}{2\sqrt{x}}$

令$f'(x)=0$,得$x_1=1$,导数不存在的连续点$x_2=0$.

且$f''(x)=\dfrac{1}{4}x^{-\frac{3}{2}}$,有$f''(1)=\dfrac{1}{4}>0[f(1)$极小值$]$.

计算驻点、导数不存在点处函数值和两端点函数值:

$$f(0)=0,f(1)=-\dfrac{1}{2},f(9)=\dfrac{3}{2}$$

比较上面的函数值可得,函数在此闭区间上的最大值: $f(9) = \dfrac{3}{2}$,最小值: $f(1) = -\dfrac{1}{2}$.

6.3.2 最值的应用问题

求函数的最值时,经常会遇到仅有一个驻点的情形. 设函数 $f(x)$ 在闭区间 $[a,b]$ 上可导且仅有一个驻点 x_0 ,可以用极值存在的第二充分条件判断,极值即为函数在该区间上的最值.

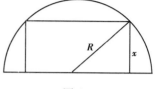

【例6.27】 如图6.5所示,在半径为 R 的半球内,内接一圆柱体,求当圆柱体的高为多少时其体积最大?

【解】 如图6.5所示,设圆柱体的高为 x ,则底半径 $r = \sqrt{R^2 - x^2}$,于是其体积

图6.5

$$V = \pi(R^2 - x^2)x \quad (0 < x < R)$$

则

$$V' = \pi(R^2 x - x^3)' = \pi(R^2 - 3x^2)$$

令 $V' = 0$,得 $x_1 = \dfrac{\sqrt{3}R}{3}, x_2 = -\dfrac{\sqrt{3}R}{3}$ (舍去),又 $V'' = -6\pi x$,得

$$V''\left(\dfrac{\sqrt{3}}{3}R\right) = -2\sqrt{3}\pi R < 0$$

即 $x = \dfrac{\sqrt{3}R}{3}$ 是体积 V 的最大值点. 故当高为 $\dfrac{\sqrt{3}}{3}R$ 时,所得圆柱体体积最大.

【例6.28】 设矩形的周长为120 cm,以矩形的一边为轴旋转形成圆柱体,试求矩形的边长为多少时,才能使圆柱体的体积最大,其最大体积为多少?

【解】 设矩形一边长为 x ,则另一边长 $60-x$,以 $60-x$ 的一边为轴旋转,体积为 V ,则

$$V = \pi x^2 \cdot (60 - x) = 60\pi x^2 - \pi x^3 (0 < x < 60)$$

求导得

$$V' = 120\pi x - 3\pi x^2 = 3\pi x(40 - x)$$

令 $V' = 0 \Rightarrow x_1 = 40, x_2 = 0$ (舍去),又因为

$$V'' = 120\pi - 6\pi x, V''(40) = -120\pi < 0$$

所以 $x = 40$ 是体积函数 V 的最大值点. 故当矩形边长为40 cm 和20 cm 时,且以边长为20 cm 旋转时,得到的圆柱体积最大,最大体积 $V(40) = 32\,000\pi\ \text{cm}^3$.

【例6.29】 在抛物线 $y = x^2$ 与直线 $y = h(h > 0)$ 所围成的图形内,内接一矩形(矩形的一边在直线上),求矩形的最大面积.

【解】 如图6.6所示,根据图形的对称性,设矩形的长为 $2x$,点 $P(x, x^2)$ 一定在抛物线上,则矩形的宽为 $h - x^2$,于是面积

$$S = 2x(h - x^2) \quad (0 < x < \sqrt{h})$$

求导得

$$S' = 2h - 6x^2 = 2(h - 3x^2)$$

令 $S' = 0$,得 $x = \dfrac{\sqrt{3h}}{3}, x = -\dfrac{\sqrt{3h}}{3}$ (舍去).

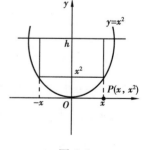

图6.6

又因为 $S'' = -12x$，得

$$S''\left(\frac{\sqrt{3h}}{3}\right) = -4\sqrt{3h} < 0$$

所以 $x = \frac{\sqrt{3h}}{3}$ 是面积函数的最大值点. 故当矩形长为 $\frac{2\sqrt{3h}}{3}$、宽为 $\frac{2h}{3}$ 时矩形的面积最大，最大面积为 $S = \frac{4}{9}\sqrt{3h}\,h$.

【例 6.30】　某厂生产过程中，当每月产量为 q（百件）时总成本

$$C(q) = 30 - q + q^2 （万元）$$

若每售出 100 件该产品的收入为 21 万元，试求：当月产量为多少时，总利润最大？ 最大利润又是多少？

【解】　由题意知，销售价格 $P = 21$ 万元，则每销售 q（百件）时其收入函数为

$$R(q) = pq = 21q$$

利润函数为

$$L(q) = R(q) - C(q) = 21q - (30 - q + q^2) = -q^2 + 22q - 30$$

求导得 $L'(q) = R'(q) - C'(q) = -2q + 22$，令 $L'(q) = 0$ 得 $q = 11$，又因为 $L''(q) = -2 < 0$ 所以 $q = 11$ 是利润函数的最大值点.

故当该厂月产量为 1 100 件时，总利润最大，最大利润为 91 万元.

习题 6.3

1. 求下列函数的最值.

(1) $f(x) = \frac{x-1}{x+1}$，$[2, 4]$　　　　　　(2) $f(x) = x + 3(1-x)^{\frac{1}{3}}$，$[0, 2]$

(3) $f(x) = x^3 - x + 1$，$[0, 2]$　　　　　　(4) $f(x) = x^2 e^{-x}$，$[0, 3]$

2. 将一段长为 a 的铁丝分成两段，一段围成圆形，另一段围成正方形，问怎样分才能使所围成的两个图形的面积之和最小？

3. 设有一块边长为 a 的正方形铁皮，在 4 个角截去同样的小方块，做成一个无盖的方盒子. 小方块的边长为多少时盒子容积最大？

4. 生产某种商品 x 单位的总成本函数为：$C(x) = \frac{1}{12}x^2 + 20x + 300$ 元，每单位产品的售价是 140 元，问生产多少单位时利润最大？ 并求出最大利润.

5. 已知某商店以每双 200 元的价格进一批鞋子，据统计此种鞋子的需求函数为 $Q = 1\,000 - 2P$，Q 为需求量（单位：双），问鞋子的售价 P 为多少时，商店能获得最大利润.

6.4 曲线的凹凸性与拐点

6.4.1 曲线的凹凸性

定义 6.2 在某区间内,如果曲线弧总是位于其切线的上方,则称曲线在这个区间上是凹的(图 6.7);如果曲线弧总是位于切线的下方,则称曲线在这个区间上是凸的(图 6.8).

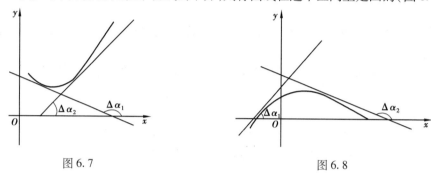

图 6.7   图 6.8

由图 6.7 可知,当曲线是凹的时,曲线 $y=f(x)$ 的切线斜率 $f'(x)=\tan x$ 随着 x 的增加而增加,即 $f'(x)$ 是增函数或 $[f'(x)]'=f''(x)>0$;反之,由图 6.8 可知,当曲线是凸的时,$f'(x)=\tan x$ 随着 x 的增加而减少,即 $f'(x)$ 是减函数或 $[f'(x)]'=f''(x)<0$. 由此可见曲线 $y=f(x)$ 的凹凸性与 $f''(x)$ 的符号密切相关.

定理 6.9(凹凸性的判定定理) 设函数 $f(x)$ 在区间 (a,b) 内存在二阶导数,则有:

(1)如果 $x\in(a,b)$ 时,恒有 $f''(x)>0$,则曲线 $f(x)$ 在 (a,b) 内是凹的,区间 (a,b) 称为凹区间;

(2)如果 $x\in(a,b)$ 时,恒有 $f''(x)<0$,则曲线 $f(x)$ 在 (a,b) 内是凸的,区间 (a,b) 称为凸区间.

【例 6.31】 讨论函数 $y=x^3-x^2-2x+1$ 的凹凸性.

【解】 函数的定义域为 $(-\infty,+\infty)$,求一、二阶导数得

$$y'=3x^2-2x-2, \quad y''=6x-2=6\left(x-\frac{1}{3}\right)$$

当 $x<\frac{1}{3}$ 时:$y''=6\left(x-\frac{1}{3}\right)<0$,则曲线在 $\left(-\infty,\frac{1}{3}\right)$ 内是凸的;

当 $x>\frac{1}{3}$ 时:$y''=6\left(x-\frac{1}{3}\right)>0$,则曲线在 $\left(\frac{1}{3},+\infty\right)$ 内是凹的.

6.4.2 曲线的拐点

定义 6.3 设 $y=f(x)$ 在 $[a,b]$ 上连续,则在该区间内曲线 $y=f(x)$ 凹与凸的分界点称为曲线的拐点.

拐点存在的范围:函数 $f(x)$ 的拐点 x_0 包含在 $f''(x)=0$ 的点和 $f''(x)$ 不存在的连续点

中,或者说 $f''(x)=0$ 的点和 $f''(x)$ 不存在的连续点,可能是函数的拐点. 再进一步判定:如果点 x_0 左右两边二阶导数 $f''(x)$ 的符号相反,则点 x_0 为拐点;否则点 x_0 不是拐点.

由此我们可以得出判定曲线凹凸与拐点的步骤如下:

(1)求出函数的定义域、函数的 $f'(x)$,$f''(x)$;

(2)求出 $f''(x)=0$ 及 $f''(x)$ 不存在的连续点,并按从小到大的顺序分函数的定义域为若干区间;

(3)列表讨论 $f''(x)$ 在各区间上的符号,从而确定函数在各区间上的凹凸及拐点.

【例 6.32】 求曲线 $y=\dfrac{1}{x^2+1}$ 的凹凸区间与拐点.

【解】 函数的定义域为 $(-\infty,+\infty)$,求一、二阶导数得

$$y'=-2x(1+x^2)^{-2},\quad y''=\frac{6x^2-2}{(1+x^2)^3}$$

令 $y''=\dfrac{6x^2-2}{(1+x^2)^3}=0$,得 $x_1=-\dfrac{\sqrt{3}}{3}$,$x_2=\dfrac{\sqrt{3}}{3}$.

列表讨论,见表 6.5.

表 6.5

x	$\left(-\infty,-\dfrac{\sqrt{3}}{3}\right)$	$-\dfrac{\sqrt{3}}{3}$	$\left(-\dfrac{\sqrt{3}}{3},\dfrac{\sqrt{3}}{3}\right)$	$\dfrac{\sqrt{3}}{3}$	$\left(\dfrac{\sqrt{3}}{3},+\infty\right)$
$f''(x)$	+	0	−	0	+
$f(x)$	$\smile$	$\left(-\dfrac{\sqrt{3}}{3},\dfrac{3}{4}\right)$ 拐点	$\frown$	$\left(\dfrac{\sqrt{3}}{3},\dfrac{3}{4}\right)$ 拐点	$\smile$

由表 6.5 可见,曲线的凹区间为 $\left(-\infty,-\dfrac{\sqrt{3}}{3}\right)$, $\left(\dfrac{\sqrt{3}}{3},+\infty\right)$;凸区间为 $\left(-\dfrac{\sqrt{3}}{3},\dfrac{\sqrt{3}}{3}\right)$;曲线的拐点是 $\left(-\dfrac{\sqrt{3}}{3},\dfrac{3}{4}\right)$,$\left(\dfrac{\sqrt{3}}{3},\dfrac{3}{4}\right)$,如图 6.9 所示.

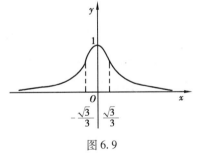

图 6.9

【例 6.33】 求曲线 $y=x+e^{-x}$ 的凹凸区间与拐点.

【解】 函数的定义域为 $(-\infty,+\infty)$,求一、二阶导数得

$$y'=1-e^{-x},\quad y''=e^{-x}$$

在定义域内恒有 $y''>0$. 所以,曲线在 $(-\infty,+\infty)$ 内都是凹的,曲线没有拐点.

有关曲线的曲率的知识详见二维码的内容.

曲线的曲率

习题 6.4

1. 求下列函数的凹凸区间与拐点.

(1) $y = x^2 + \dfrac{1}{x}$

(2) $y = x^3 + 6x^2 - 2$

(3) $y = 3x^4 - 4x^3 + 2$

(4) $y = \ln(x^2 + 1)$

2. 当 a, b 为何值时, 点 $(1, 3)$ 是曲线 $y = ax^3 + bx^2$ 的拐点?

3. 当 a, b 为何值时, 点 $(1, 5)$ 是曲线 $y = ax^4 + bx^2 + 1$ 的拐点?

*6.5　函数图形的描绘

6.5.1　曲线的渐近线

函数 $y = f(x)$ 在自变量 x 的某一个变化过程中, 函数曲线与一直线无限接近但永远不相交, 则此直线为曲线在该过程中的渐近线. 渐近线分为水平渐近线、垂直渐近线等.

1) 水平渐近线

若函数 $y = f(x)$ 的定义域是无限区间, 且有

$$\lim_{x \to \infty} f(x) = A \quad (A \text{ 为常数})$$

则直线 $y = A$ 是曲线 $y = f(x)$ 的一条水平渐近线.

【例 6.34】　求曲线 $f(x) = a^x + b \, (0 < a < 1, b > 0)$ 的水平渐近线.

【解】　因为 $\lim\limits_{x \to +\infty} (a^x + b) = b$, 所以 $y = b$ 是曲线的一条水

平渐近线, 如图 6.10 所示.

2) 垂直渐近线

若 $f(x)$ 在 x_0 处有

$$\lim_{x \to x_0} f(x) = \infty$$

则直线 $x = x_0$ 是曲线 $y = f(x)$ 的一条垂直渐近线.

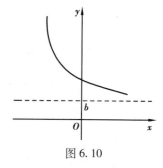

图 6.10

例如 $y = \log_a(x - b) \, (0 < a < 1, b > 0)$, 因为 $\lim\limits_{x \to b^+} \log_a(x - b) = +\infty$, 所以 $x = b$ 是曲线的一条垂直渐近线, 如图 6.11 所示.

$y = \tan x$ 是我们熟悉的正切函数, 因为 $\lim\limits_{x \to \frac{\pi}{2}^-} \tan x = +\infty$, $\lim\limits_{x \to \frac{\pi}{2}^+} \tan x = -\infty$, 所以 $x =$

$\dfrac{\pi}{2}$, $x = -\dfrac{\pi}{2}$ 都是曲线的垂直渐近线, 如图 6.12 所示.

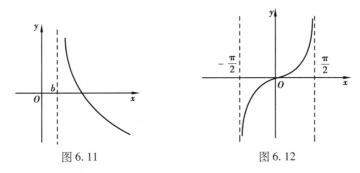

图 6.11　　　　　　　　图 6.12

曲线的垂直渐近线通常都是在函数的无穷间断点处存在.

6.5.2　函数图像作图

我们结合函数的单调性、极值以及函数的凹凸性、拐点,结合初等函数的基本性质,参照下面的作图步骤可作出复杂函数的图像.

(1)确定函数的定义域、周期及奇偶性;

(2)讨论函数的单调性与极值;

(3)确定曲线的凹凸区间与拐点;

(4)确定曲线的所有渐近线;

(5)由曲线方程计算出一些特殊点,特别是曲线与坐标轴的交点;

(6)描绘出函数图像.

【例 6.35】　作出 $y = x^3 - 6x^2 + 9x - 4$ 的函数图像.

【解】　函数的定义域为 $(-\infty, +\infty)$, 求一、二阶导数, 得

$$y' = 3x^2 - 12x + 9, \quad y'' = 6x - 12$$

令 $y' = 0$, 得 $x_1 = 1$, $x_2 = 3$; 令 $y'' = 0$, 得 $x_3 = 2$. 列表分析, 见表 6.6.

表 6.6

x	$(-\infty,1)$	1	$(1,2)$	2	$(2,3)$	3	$(3,+\infty)$
y'	+	0	−		−	0	+
y''	−		−	0	+		+
y	↗	极大值 0	↘	$(2,-2)$ 拐点	↘	极小值 −4	↗

经分析此函数无渐近线. 在坐标系上描出几个特殊点（拐点、极值和坐标轴的交点），绘出该函数的图像，如图 6.13 所示.

【例 6.36】 作出 $y = xe^x$ 的函数图像.

【解】 函数的定义域为 $(-\infty, +\infty)$，求函数的一、二阶导数，得

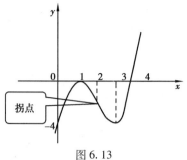

图 6.13

$$y' = e^x + xe^x, \qquad y'' = 2e^x + xe^x$$

令 $y' = 0$，得 $x_1 = -1$；令 $y'' = 0$，得 $x_2 = -2$. 列表分析，见表 6.7.

表 6.7

x	$(-\infty, -2)$	-2	$(-2, -1)$	-1	$(-1, +\infty)$
y'	$-$		$-$	0	$+$
y''	$-$	0	$+$	$+$	$+$
y	↘	$\left(-2, -\dfrac{2}{e^2}\right)$ 拐点	↘	极小值 $-\dfrac{1}{e}$	↗

因为存在 $\lim\limits_{x \to -\infty} xe^x = 0$，故直线 $y = 0$ 为水平渐进线，则在坐标系上描出几个特殊点（拐点、极值和坐标轴的交点），绘出函数的图像，如图 6.14 所示.

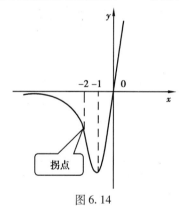

图 6.14

习题 6.5

1. 求下列函数的渐近线.

(1) $y = \dfrac{1}{x^2 - 5x + 6}$

(2) $y = \dfrac{1}{(x+2)^3}$

$(3) y = \dfrac{x-1}{x-2}$ $\qquad\qquad$ $(4) y = \mathrm{e}^{\frac{1}{x}} - 1$

2. 作出下列函数的图像.

$(1) y = x^3 - 6x^2 + 9x - 4$ $\qquad\qquad$ $(2) y = \dfrac{1}{3}x^3 - 2x + 3x + 1$

$(3) y = \dfrac{x^2}{2+x^2}$ $\qquad\qquad$ $(4) y = x\mathrm{e}^{-x}$

综合练习题 2

1. 填空题.

(1) 已知 $f(x) = x^3 + 3x^2 + a$ 在 $[-3,3]$ 上有最小值 3, 那么在 $[-3,3]$ 上 $f(x)$ 的最大值是_____.

(2) 计算 $y = \sqrt{x^2 + 2x}$ 的导数值, $y'|_{x=1} = $_____.

(3) 设 $f(x) = x(x-1)(x-2)$, 则 $f'(0) = $_____.

(4) 函数 $f(x) = (x^3 - a^3)h(x)$, 且 $h(x)$ 在点 $x = a$ 处连续, 则 $f'(a) = $_____.

(5) 由方程 $2y - x = \sin y$ 确定 $y = f(x)$, 则 $\mathrm{d}y = $_____.

(6) 函数 $y = x - \mathrm{e}^x$ 上某点的切线平行于 x 轴, 则这点的坐标为_____.

(7) 已知 $f(x) = x^2 + 1$ 在 $[-1,2]$ 上满足拉格朗日中值定理的条件, 则满足定理中的 $\xi = $_____.

(8) 若 x_0 是函数 $f(x)$ 的可导极值点, 则必有 $f'(x_0) = $_____.

(9) 若函数 $y = f(x)$ 是区间 (a,b) 内的单调递增凹函数, 则 $x \in (a,b)$ 时, 有 $f''(x) = $_____.

(10) 函数 $f(x) = x^3 + 3mx + 1$, 在 $x = \pm 1$ 时取得极值, 则 $m = $_____.

(11) 若 $y = (2\mathrm{e})^{kx}$, 则 $y^{(n)} = $_____.

(12) 已知 $y = x^2 - x$, 计算在 $x = 2$ 处

① 当 $\Delta x = 0.1$ 时, $\Delta y = $_____, $\mathrm{d}y = $_____;

② 当 $\Delta x = 0.001$ 时, $\Delta y = $_____, $\mathrm{d}y = $_____.

2. 选择题.

(1) 设 $f(x)$ 在 $x = x_0$ 附近有定义, 且 $\lim\limits_{h \to 0} \dfrac{f(x_0 - 2h) - f(x_0)}{h} = 1$, 则 $f'(x_0) = ($ $\quad$).

$\quad$ A. $-\dfrac{1}{2}$ $\qquad$ B. -2 $\qquad$ C. 1 $\qquad$ D. $\dfrac{1}{2}$

(2) 若 $f(x) = \ln(1 + \mathrm{e}^{-2x})$, 则 $f'(0) = ($ $\quad$).

$\quad$ A. -1 $\qquad$ B. 1 $\qquad$ C. $-\dfrac{1}{2}$ $\qquad$ D. $\dfrac{1}{2}$

（3）下列函数中（　　）在区间 $[-1,1]$ 上满足罗尔定理的条件.

A. $f(x)=\dfrac{1}{x^2}$ 　　　　B. $f(x)=\left|x-\dfrac{1}{2}\right|$ 　　　　C. $f(x)=x^2+1$ 　　　　D. $f(x)=x^3+1$

（4）函数 $f(x)=\dfrac{1}{2}(\mathrm{e}^x+\mathrm{e}^{-x})$ 的极小值点为（　　）.

A. 0 　　　　　　B. -1 　　　　　　C. 1 　　　　　　D. 2

（5）若 $f'(x_0)=0$ 且 $f''(x_0)=0$，则函数 $f(x)$ 在 x_0 处（　　）.

A. 一定有极大值　　　　　　　　　　B. 一定有极小值

C. 不能确定是否有极值　　　　　　　D. 一定无极值

（6）若函数 $f(x)=x^3+ax^2+3x-9$ 在 $x=3$ 处取得极值，则 $a=$（　　）.

A. -2 　　　　B. -3 　　　　C. -4 　　　　D. -5

（7）下列函数中，在 $x=0$ 处可导的是（　　）.

A. $y=\ln x$ 　　　　B. $y=|\cos x|$ 　　　　C. $y=|x|$ 　　　　D. $y=\begin{cases}x^2 & x\le 0\\ x & x>0\end{cases}$

（8）函数 $f(x)=2x^3-3x^2-12x+5$ 在 $[0,3]$ 上的最大值和最小值依次是（　　）.

A. $12,-15$ 　　　　B. $5,-15$ 　　　　C. $5,-4$ 　　　　D. $-4,-15$

（9）如果 $x_0\in(a,b)$，$f'(x_0)=0$，$f''(x_0)<0$，则 x_0 一定是 $f(x)$ 的（　　）.

A. 极小值点　　　　B. 极大值点　　　　C. 最小值点　　　　D. 最大值点

（10）函数 $f(x)$ 在 (a,b) 内恒有 $f'(x)>0$，$f''(x)<0$，则曲线在 (a,b) 内（　　）.

A. 单增且凸的　　　　B. 单减且凸的　　　　C. 单增且凹的　　　　D. 单减且凹的

（11）曲线 $y=x^3-x$ 在点 $(1,0)$ 的切线方程是（　　）.

A. $y=2x-2$ 　　　　B. $y=-2x+2$ 　　　　C. $y=2x+2$ 　　　　D. $y=-2x-2$

（12）设函数 $f(x)=\begin{cases}x^2-1 & x>2\\ ax+b & x\le 2\end{cases}$（其中，$a,b$ 为常数），现已知 $f'(2)$ 存在，则必有（　　）.

A. $a=2,b=1$ 　　　　B. $a=-1,b=5$ 　　　　C. $a=4,b=-5$ 　　　　D. $a=3,b=-3$

（13）设函数 $y=\mathrm{e}^{xy}$，则 $\mathrm{d}y=$（　　）.

A. $\mathrm{e}^{xy}\mathrm{d}x$ 　　B. $(1+x)\mathrm{d}x$ 　　C. $\dfrac{y\mathrm{e}^{xy}}{1-x\mathrm{e}^{xy}}\mathrm{d}x$ 　　D. $\dfrac{x\mathrm{e}^{xy}}{1-y\mathrm{e}^{xy}}\mathrm{d}x$

（14）设由方程 $\begin{cases}x=a(t-\sin t)\\ y=a(1-\cos t)\end{cases}$ 所确定的函数为 $y=y(x)$，则在 $t=\dfrac{\pi}{2}$ 处的导数为（　　）.

A. -1 　　　　B. 1 　　　　C. 0 　　　　D. $-\dfrac{1}{2}$

（15）下列各式正确的是（　　）.

A. $\mathrm{e}^{-x}\mathrm{d}x=\mathrm{d}\mathrm{e}^{-x}$ 　　B. $x\mathrm{d}x=\mathrm{d}x^2$ 　　C. $\ln x\mathrm{d}x=\mathrm{d}\dfrac{1}{x}$ 　　D. $4\mathrm{d}x=\mathrm{d}(4x)$

（16）若 $y=\dfrac{1}{1+x^2}$，则 $\mathrm{d}y\Big|_{\substack{x=1\\ \Delta x=0.1}}=$（　　）.

A. 0.01 　　　　B. 0.025 　　　　C. 0.05 　　　　D. -0.05

3. 求下列函数的导数或微分.

（1）$y = \sin x \cdot \ln(x^2 + x)$，求 $\mathrm{d}y$；

（2）$y = \dfrac{\mathrm{e}^{\sin x}}{1 + x^2} + \log_2 x$，求 y'；

（3）$y = x^2 \sin 2x$，求 $y''(0)$；

（4）$y = (x^3 + 1)^2$，求 y'''；

（5）$y^3 + xy = 0$，求 y'；

（6）$\ln y = \cos(x + y) - x$，求 $\mathrm{d}y$；

（7）$\begin{cases} x = \dfrac{1}{t+1} \\[2mm] y = \dfrac{t}{t+1} \end{cases}$，求 $\dfrac{\mathrm{d}y}{\mathrm{d}x}$；

（8）$y = (\sin x)^x$，求 y'.

4. 利用洛必达法则求下列极限.

（1）$\displaystyle\lim_{x \to 4} \dfrac{x^2 - 6x + 8}{x^2 - x - 12}$

（2）$\displaystyle\lim_{x \to 3} \dfrac{\ln(4 - x)}{x^2 - 7x + 12}$

（3）$\displaystyle\lim_{x \to 0^+} \dfrac{\sin 2x}{\sin 5x}$

（4）$\displaystyle\lim_{x \to \frac{\pi}{2}} \left(\dfrac{2}{3 \cos x} - \dfrac{3 \sin x}{\cos x} \right)$

（5）$\displaystyle\lim_{x \to +\infty} \dfrac{\ln 4x}{3x^2 - x}$

（6）$\displaystyle\lim_{x \to 0^+} x^2 \ln x$

5. 求函数 $f(x) = x - \arcsin x$ 的单调性与极值.

6. 试求曲线 $x^2 + xy + 2y^2 - 28 = 0$ 在点 $(2,3)$ 处的切线方程和法线方程.

7. 讨论函数 $f(x) = 2x^3 - 3x^2 + a$ 的单调性，并求函数极大值为 6 时 a 的取值.

8. 求函数 $f(x) = x^4 - 2x^3 - 12x^2 + x + 1$ 的凹凸区间与拐点.

9. 从直径为 d 的圆形树干中切出横断面为矩形的梁，此矩形的宽为 b，高为 h，若梁的抗弯强度与 bh^2 成正比，问梁的尺寸为多大时，其抗弯强度最大？

模块 **3**

积分学

第 7 章　不定积分

　　微分学主要研究的是函数的变化率问题即导数问题,但在自然科学和工程技术中经常还需要研究相反的问题. 例如已知函数的变化率求这个函数;已知物体的运动速度,求物体在任一时刻的移动位移即运动方程;已知边际收入求总收入等问题. 这些都是积分学所要解决的基本问题. 对线性函数来说,运用之前的数学工具就能够解决,但在生产科学技术以及经济领域内存在大量的非线性函数,特别是在天文学、力学等方面还涉及许多非匀速运动,且大多数不是直线运动,这就要求建立新的数学工具——积分学理论来解决这些问题. 积分学包含两大理论——不定积分与定积分. 定积分的微元法可解决一些基本问题,如几何上的面积、体积,物理上的功、压力等问题.

　　本章将在导数与微分的基础上给出原函数与不定积分的概念、性质、基本积分公式,重点学习掌握不定积分的计算方法,为学习定积分奠定必要的理论基础及运算技巧.

7.1　不定积分的概念

7.1.1　原函数与不定积分

　　有许多实际问题,需要我们解决微分法的逆运算问题,这就是由某函数的已知导数求原来的函数,即求原函数的问题.

　　问题 1　已知物体作变速直线运动,其运动方程为 $s=s(t)$,在任意时刻 t 的速度为 $v(t)=at(a$ 为常数$)$,求物体的运动方程 $s=s(t)$.

　　分析　由导数的物理意义可知:变速直线运动的速度 $v(t)$ 是路程对时间 t 的导数 $v(t)=s'(t)$,故此问题就是已知 $s(t)$ 的导数 $s'(t)$,求 $s(t)$ 的函数关系式问题.

　　问题 2　设曲线上任意一点 (x,y) 处切线的斜率 $k=2x$,求曲线的方程.

　　分析　设所求曲线方程为 $y=f(x)$,由导数的几何意义可知:$k=f'(x)$,即 $f'(x)=2x$,故问题转化为已知函数 $f(x)$ 的导数 $f'(x)$,求该函数 $f(x)$ 的表达式.

　　以上两个问题,如果去掉其物理意义和几何意义,可以归纳为同一个问题,就是已知某函数的导数求该函数.

　　定义 7.1　设 $F(x)$ 与 $f(x)$ 是定义在某一区间 I 上的函数,如果对于该区间内的任意一点 x 都有

$$F'(x) = f(x) \quad 或 \quad \mathrm{d}F(x) = f(x)\,\mathrm{d}x$$

成立,则称函数 $F(x)$ 为 $f(x)$ 在区间 I 上的一个原函数.

在上述问题中,因为 $\left(\dfrac{1}{2}at^2\right)' = at$,所以 $S = \dfrac{1}{2}at^2$ 是 $v = at$ 的一个原函数;又由于 $(x^2)' = 2x$,所以 $f(x) = x^2$ 是 $k = 2x$ 的一个原函数,并且 $(x^2+C)' = 2x$（C 为任意常数）,因此 $F(x) = x^2 + C$（C 为任意常数）也是 $2x$ 的原函数,由此可见,一个函数的原函数如果存在,则此函数的原函数有无穷多个.

定理 7.1（原函数族定理）　如果函数 $f(x)$ 在 I 上有一个原函数,那么它就有无穷多个原函数,并且任意两个原函数之差为常数,即 $f(x)$ 在 I 上的所有的原函数为

$$F(x) + C$$

定义 7.2　若 $F(x)$ 是 $f(x)$ 在 I 上的一个原函数,则 $f(x)$ 在 I 上的所有原函数 $F(x)+C$ 称为 $f(x)$ 在 I 上的不定积分,记为

$$\int f(x)\,\mathrm{d}x = F(x) + C$$

其中,符号 $\int$ 为积分号,$f(x)$ 称为被积函数,$f(x)\,\mathrm{d}x$ 称为被积表达式,x 称为积分变量,C 称为积分常数.

由定义 7.2 问题 1 与问题 2 的求解过程如下：

解问题 1　因为 $\left(\dfrac{1}{2}at^2\right)' = at$,所以 $S(t) = \int at\,\mathrm{d}t = \dfrac{1}{2}at^2 + C$.

解问题 2　因为 $(x^2)' = 2x$,所以 $f(x) = \int 2x\,\mathrm{d}x = x^2 + C$.

【例 7.1】　求不定积分 $\int \cos x\,\mathrm{d}x$.

【解】　因为 $(\sin x)' = \cos x$,所以 $\int \cos x\,\mathrm{d}x = \sin x + C$.

同理可得 $\int \sin x\,\mathrm{d}x = -\cos x + C$.

【例 7.2】　求不定积分 $\int \mathrm{e}^x\,\mathrm{d}x$.

【解】　因为 $(\mathrm{e}^x)' = \mathrm{e}^x$,所以 $\int \mathrm{e}^x\,\mathrm{d}x = \mathrm{e}^x + C$.

【例 7.3】　求不定积分 $\int \dfrac{1}{1+x^2}\,\mathrm{d}x$.

【解】　因为 $(\arctan x)' = \dfrac{1}{1+x^2}$,所以 $\int \dfrac{1}{1+x^2}\,\mathrm{d}x = \arctan x + C$.

───── 注　意 ─────────────────────────────

不定积分是被积函数的全体原函数,求不定积分时,得到一个原函数,必须在后面加上积分常数 C,否则仅仅是一个原函数,而非全体原函数了.

7.1.2　不定积分的几何意义

在问题2中，由 $y = \int 2x\mathrm{d}x = x^2 + C$ 可知，当 C 每取一个确定的值（如 $-1, 0, 1$ 等），就得到 $2x$ 的一个原函数（如 $y = x^2 - 1, y = x^2, y = x^2 + 1$ 等）。每一个原函数都对应一条曲线，该曲线称为积分曲线，显然函数 $y = 2x$ 的不定积分 $y = x^2 + C$ 表示无穷多条积分曲线，构成了一个曲线的集合，称之为积分曲线族，如图 7.1 所示。

积分曲线族 $\int f(x)\mathrm{d}x = F(x) + C$ 的特点是：

（1）积分曲线族中任意一条曲线，可由其中一条曲线向上或向下平行移动 $|C|$ 个单位得到；

（2）$[F(x) + C]' = f(x)$ 说明积分曲线族中横坐标相同点处的切线斜率相等，都等于 $f(x)$，从而相应点处切线彼此平行，如图 7.2 所示。

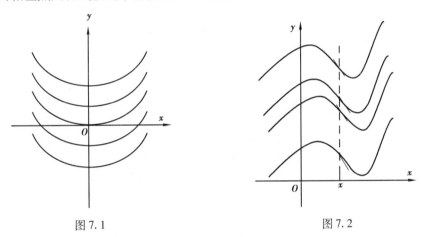

图 7.1　　　　　　　　　　　　图 7.2

如果一族曲线在任意点处所有曲线的切线都平行，称此族曲线为平行曲线族。原函数曲线即为一族平行曲线。

在应用题中，已知某函数的导数求该函数时，可用公式 $y = \int y'\mathrm{d}x$ 求出所有原函数，即积分曲线族 $y = F(x) + C$，如果还需要从积分曲线族中求出过点 (x_0, y_0) 的一条积分曲线时，则只要把该点坐标 x_0, y_0 代入 $y = F(x) + C$ 中，解出 C 即可。

【例 7.4】　已知曲线上任一点的切线斜率为该点横坐标的 2 倍加 3，且曲线过 $(1,2)$ 点，求曲线的方程。

【解】　设所求曲线方程为 $y = f(x)$，$M(x,y)$ 为曲线上任意一点，由题意得

$$y' = f'(x) = 2x + 3$$

$$y = \int (2x + 3)\mathrm{d}x = x^2 + 3x + C$$

又因曲线过 $(1,2)$，将点 $(1,2)$ 代入上式，得 $C = -2$，故所求曲线方程为

$$y = x^2 + 3x - 2$$

【例 7.5】 设一质点以速度 $v = 2\cos t$ 作直线运动,质点的起始位移为 s_0,求该质点的运动规律.

【解】 $v = \dfrac{\mathrm{d}s}{\mathrm{d}t} = 2\cos t$,即 $\mathrm{d}s = 2\cos t\mathrm{d}t$,可求得

$$s = \int \mathrm{d}s = \int 2\cos t\mathrm{d}t = 2\sin t + C$$

由条件 $s\big|_{t=0} = s_0$,得 $C = s_0$,故所求质点运动规律为 $s = 2\sin t + s_0$.

7.1.3 基本积分公式

由原函数与不定积分的定义可知

$$\int f(x)\mathrm{d}x = F(x) + C \Leftrightarrow F'(x) = f(x) \quad \text{或} \quad \mathrm{d}F(x) = f(x)\mathrm{d}x$$

积分与导数或微分互为逆运算,由基本初等函数的导数公式,可以得到相应的不定积分公式.

例如:因为 $\quad \left(\dfrac{1}{\ln a}a^x\right)' = \dfrac{1}{\ln a}\cdot a^x\cdot \ln a = a^x(a > 0, a \neq 1)$,

所以 $\quad \int a^x\mathrm{d}x = \dfrac{a^x}{\ln a} + C \quad (a > 0, a \neq 1)$

类似地,可以得到其他基本积分公式.

现将最常用的初等函数的导数与基本积分公式对照列出,如表 7.1 所示.

表 7.1　常用的初等函数的导数与基本积分公式对照表

序号	$F'(x) = f(x)$	$\int f(x)\mathrm{d}x = F(x) + C$（$C$ 为常数）
1	$(kx)' = k$	$\int k\mathrm{d}x = kx + C$（$k$ 为常数）
2	$\left(\dfrac{x^{\alpha+1}}{\alpha+1}\right)' = x^\alpha \quad (\alpha \neq -1)$	$\int x^\alpha \mathrm{d}x = \dfrac{x^{\alpha+1}}{\alpha+1} + C \quad (\alpha \neq -1)$
3	$(\ln|x|)' = \dfrac{1}{x}$	$\int \dfrac{1}{x}\mathrm{d}x = \ln|x| + C$
4	$\left(\dfrac{a^x}{\ln a}\right)' = a^x(a > 0, a \neq 1)$	$\int a^x\mathrm{d}x = \dfrac{a^x}{\ln a} + C(a > 0, a \neq 1)$
5	$(\mathrm{e}^x)' = \mathrm{e}^x$	$\int \mathrm{e}^x\mathrm{d}x = \mathrm{e}^x + C$
6	$(\sin x)' = \cos x$	$\int \cos x\mathrm{d}x = \sin x + C$
7	$(-\cos x)' = \sin x$	$\int \sin x\mathrm{d}x = -\cos x + C$

8	$(\tan x)' = \sec^2 x$	$\int \sec^2 x \mathrm{d}x = \tan x + C$
9	$(\cot x)' = -\csc^2 x$	$\int \csc^2 x \mathrm{d}x = -\cot x + C$
10	$(\sec x)' = \sec x \tan x$	$\int \sec x \tan x \mathrm{d}x = \sec x + C$
11	$(-\csc x)' = \csc x \cot x$	$\int \csc x \cot x \mathrm{d}x = -\csc x + C$
12	$(\arcsin x)' = \dfrac{1}{\sqrt{1-x^2}}$	$\int \dfrac{1}{\sqrt{1-x^2}} \mathrm{d}x = \arcsin x + C$
13	$(\arctan x)' = \dfrac{1}{1+x^2}$	$\int \dfrac{1}{1+x^2} \mathrm{d}x = \arctan x + C$

7.1.4 不定积分的性质

由不定积分的定义,可得到如下性质:

性质1(积分与求导互为逆运算)

$(1) \left[\int f(x) \mathrm{d}x \right]' = f(x)$ 或 $\mathrm{d}\left[\int f(x) \mathrm{d}x \right] = f(x) \mathrm{d}x$

$(2) \int F'(x) \mathrm{d}x = F(x) + C$ 或 $\int \mathrm{d}F(x) = F(x) + C$

根据不定积分的定义,(2)式显然成立,下面证明(1)式.

【证明】 设 $F(x)$ 是 $f(x)$ 的一个原函数,即

$$\int f(x) \mathrm{d}x = F(x) + C$$

于是 $\left[\int f(x) \mathrm{d}x \right]' = [F(x) + C]' = F'(x) = f(x)$

故(1)式成立.

【例7.6】   求 $\left[\int \sin(x^3 + x^2 + 4) \mathrm{d}x \right]'$.

【解】 $\left[\int \sin(x^3 + x^2 + 4) \mathrm{d}x \right]' = \sin(x^3 + x^2 + 4)$

性质2 $\int [f(x) \pm g(x)] \mathrm{d}x = \int f(x) \mathrm{d}x \pm \int g(x) \mathrm{d}x$

性质3 $\int kf(x) \mathrm{d}x = k \int f(x) \mathrm{d}x$ （k 为非零常数）

由性质2和性质3可得

$\int [k_1 f_1(x) \pm k_2 f_2(x)] \mathrm{d}x = k_1 \int f_1(x) \mathrm{d}x \pm k_2 \int f_2(x) \mathrm{d}x$ （k_1, k_2 为不同时为零的常数）

此性质称为不定积分线性运算性质,并可以推广到有限多个函数的情形:

$$\int [k_1 f_1(x) + k_2 f_2(x) + \cdots + k_n f_n(x)] \, dx$$

$$= k_1 \int f_1(x) \, dx + k_2 \int f_2(x) \, dx + \cdots + k_n \int f_n(x) \, dx \quad (k_1, k_2, \cdots, k_n \text{ 为不同时为零的常数})$$

【例 7.7】 求不定积分 $\int \left(\dfrac{2}{x} - 4\sin x + e \right) dx$.

【解】
$$\int \left(\frac{2}{x} - 4\sin x + e \right) dx = \int \frac{2}{x} dx - \int 4\sin x \, dx + \int e \, dx$$
$$= 2\int \frac{1}{x} dx - 4\int \sin x \, dx + \int e \, dx$$
$$= 2\ln|x| + 4\cos x + ex + C$$

【例 7.8】 已知边际成本 $C'(x) = 33 + 38x - 12x^2$,固定成本 $C(0) = 68$,求总成本函数.

【解】 因为 $C'(x) = 33 + 38x - 12x^2$, 所以

$$C(x) = \int C'(x) \, dx = \int (33 + 38x - 12x^2) \, dx$$
$$= 33x + 19x^2 - 4x^3 + C$$

代入条件 $C(0) = 68$,得 $C = 68$,因此所求的总成本函数为

$$C(x) = 33x + 19x^2 - 4x^3 + 68$$

数学文化

微积分与第二次数学危机

在人类数学史上,出现过三次数学危机,每次数学危机都为数学的发展带来了巨大突破,其中第二次数学危机极大地促进了微积分的发展与完善. 17 世纪下半叶,牛顿和莱布尼茨分别独立地创立了微积分,而微积分从创立之时就伴随着巨大的争议与质疑. 当时英国主教贝克莱就是最著名的质疑者,他在 1734 年,以"渺小的哲学家"之名出版了一本标题很长的书《分析学家;或一篇致一位不信神数学家的论文,其中审查一下近代分析学的对象、原则及论断是不是比宗教的神秘,信仰的要点有更清晰的表达,或更明显的推理》,书中对牛顿的理论进行了猛烈攻击,比如牛顿对 $y = x^2$ 的流数(导数)计算方法:

$$y + \Delta y = (x + \Delta x)^2 \tag{1}$$
$$x^2 + \Delta y = x^2 + 2x\Delta x + (\Delta x)^2 \tag{2}$$
$$\Delta y + 2x\Delta x + (\Delta x)^2 \tag{3}$$
$$\frac{\Delta y}{\Delta x} = 2x + \Delta x \tag{4}$$
$$\frac{\Delta y}{\Delta x} = 2x \tag{5}$$

上面过程中,前四个式子中 Δx 不为 0,而在(4)到(5)时又令 $\Delta x = 0$,贝克莱指责牛顿这是"依靠双重错误得到了不科学却正确的结果". 因为无穷小量在牛顿的理论中并没有

解释清楚,牛顿对它曾做过三种不同的解释:1669 年说它是一种常量;1671 年又说它是一个趋于零的变量;1676 年它被"两个正在消逝的量的最终比"所代替.因此,贝克莱嘲笑无穷小量是"已死量的幽灵",说有就有,说消失就消失.贝克莱的攻击虽说出自维护神学的目的,但却真正抓住了牛顿理论中的缺陷,是切中要害的.牛顿微积分的不严格,在数学史上称为"第二次数学危机".为了解决这些问题,一些数学家开始对微积分进行修正和严格化,经过柯西、魏尔斯特拉斯等一大批数学家的努力,建立了完备的实数理论和极限理论,终于在微积分创立 200 年以后,第二次数学危机才彻底解除.

这个过程虽然曲折,但是我们也可以从另一方面看,新生事物往往不完备,但却具有强大的生命力,科学理论如此,生活也是如此,"危"与"机"矛盾而又依存着,就像微积分产生之初,充满了矛盾与争议,但是随着新的理论和知识的产生,第二次数学危机也就迎刃而解了.危机没有打倒微积分理论,反而让其更加完善和强大.

习题 7.1

1. 验证下列等式是否成立(C 为常数).

(1) $\displaystyle\int \frac{x}{\sqrt{1+x^2}}\mathrm{d}x = \sqrt{1+x^2} + C$

(2) $\displaystyle\int \cos 2x\mathrm{d}x = \frac{1}{2}\sin 2x + C$

2. 验证 $F(x) = x(\ln x - 1)$ 是 $f(x) = \ln x$ 的一个原函数.

3. 求 $\displaystyle\int \left[\ln(x^2 + 1)\right]' \mathrm{d}x$.

4. 求下列不定积分.

(1) $\displaystyle\int (x^2 + 2x + 2)\,\mathrm{d}x$

(2) $\displaystyle\int (\sin x + \cos x)\,\mathrm{d}x$

(3) $\displaystyle\int \left(3\mathrm{e}^x - \frac{1}{x}\right)\mathrm{d}x$

5. 设某曲线上任意一点处切线斜率为该点横坐标的平方,又知该曲线过原点,求此曲线方程.

6. 物体作变速直线运动,运动速度为 $v = \cos t\,(\mathrm{m/s})$,当 $t = \dfrac{\pi}{2}$ (s) 时,物体所经过的路程 $s = 10\,(\mathrm{m})$,求物体的运动方程.

7.2 不定积分的计算

7.2.1 直接积分法

直接利用不定积分的性质和基本积分公式，或者先对被积函数进行恒等变形，再利用不定积分性质和基本积分公式求出不定积分的方法，称为直接积分法.

【例7.9】 求 $\int \dfrac{\sqrt[3]{x}}{x^3}\mathrm{d}x$.

【解】 $\int \dfrac{\sqrt[3]{x}}{x^3}\mathrm{d}x = \int \dfrac{x^{\frac{1}{3}}}{x^3}\mathrm{d}x = \int x^{\frac{1}{3}-3}\mathrm{d}x = \int x^{-\frac{8}{3}}\mathrm{d}x = \dfrac{1}{-\dfrac{8}{3}+1}x^{-\frac{8}{3}+1} + C = -\dfrac{3}{5}x^{-\frac{5}{3}} + C$

先把根式写成分数指数，再利用指数运算，化简为幂函数后直接使用幂函数的积分公式计算积分.

【例7.10】 求 $\int \mathrm{e}^x 2^x \mathrm{d}x$.

【解】 $\int \mathrm{e}^x 2^x \mathrm{d}x = \int (2\mathrm{e})^x \mathrm{d}x = \dfrac{(2\mathrm{e})^x}{\ln 2\mathrm{e}} + C = \dfrac{(2\mathrm{e})^x}{1 + \ln 2} + C$

【例7.11】 求 $\int x^2 (2 + x)^2 \mathrm{d}x$.

【解】 $\int x^2 (2 + x)^2 \mathrm{d}x = \int x^2 (4 + 4x + x^2) \mathrm{d}x = \int (4x^2 + 4x^3 + x^4) \mathrm{d}x$

$\qquad\qquad = \dfrac{4}{3}x^3 + x^4 + \dfrac{1}{5}x^5 + C$

【例7.12】 求 $\int \dfrac{(1 + x)^3}{x^2}\mathrm{d}x$.

【解】 $\int \dfrac{(1 + x)^3}{x^2}\mathrm{d}x = \int \dfrac{1 + 3x + 3x^2 + x^3}{x^2}\mathrm{d}x$

$\qquad\qquad = \int \left(\dfrac{1}{x^2} + \dfrac{3}{x} + 3 + x \right) \mathrm{d}x = -\dfrac{1}{x} + 3\ln|x| + 3x + \dfrac{x^2}{2} + C$

【例7.13】 求 $\int \dfrac{1 - 2x^2}{1 + x^2}\mathrm{d}x$.

【解】 $\int \dfrac{1 - 2x^2}{1 + x^2}\mathrm{d}x = \int \dfrac{3 - 2x^2 - 2}{1 + x^2}\mathrm{d}x = \int \dfrac{3 - 2(x^2 + 1)}{1 + x^2}\mathrm{d}x = \int \left(\dfrac{3}{1 + x^2} - 2 \right) \mathrm{d}x$

$\qquad\qquad = 3\arctan x - 2x + C$

【例7.14】 求 $\int \dfrac{\cos 2x}{\cos x - \sin x}\mathrm{d}x$.

【解】 $\int \dfrac{\cos 2x}{\cos x - \sin x}\mathrm{d}x = \int \dfrac{\cos^2 x - \sin^2 x}{\cos x - \sin x}\mathrm{d}x = \int (\cos x + \sin x) \mathrm{d}x$

$$= \int \cos x \mathrm{d}x + \int \sin x \mathrm{d}x = \sin x - \cos x + C$$

注　意

（1）由上述例题的求解看出，对被积函数进行的恒等变形十分重要，当被积函数是两个函数的积或商时，首先是设法化被积函数为和或差的形式，再逐项积分. 因此，直接积分法又称为逐项积分法.

（2）在求不定积分过程中，当不定积分号未完全消失时，不必加上任意常数（即使有的项已算出了积分结果）；当不定积分号完全消失后，才在表达式的最后加上任意常数.

【例 7. 15】　设某商品的需求量 y 为价格 x 的函数，该商品的最大需求量为 1 000（即 $x = 0$ 时，$y = 1\,000$）. 已知需求量的变化率为 $y' = -1\,000 \cdot \ln 3 \cdot \left(\dfrac{1}{3}\right)^x$，求需求量 y 与价格 x 的函数关系.

【解】　$y = \int y' \mathrm{d}x = \int \left[-1\,000 \cdot \ln 3 \cdot \left(\dfrac{1}{3}\right)^x \right] \mathrm{d}x = -1\,000 \cdot \ln 3 \cdot \int \left(\dfrac{1}{3}\right)^x \mathrm{d}x$

$$= -1\,000 \cdot \ln 3 \cdot \frac{\left(\dfrac{1}{3}\right)^x}{\ln \dfrac{1}{3}} + C = 1\,000 \cdot \left(\dfrac{1}{3}\right)^x + C$$

将 $x = 0$，$y = 1\,000$ 代入上式，得 $C = 0$，故需求量 y 与价格 x 的函数关系为

$$y = 1\,000 \cdot \left(\frac{1}{3}\right)^x.$$

7.2.2　换元积分法

利用直接积分法可以处理一些简单的不定积分，但无法解决复合函数的不定积分，因此需要引入基于复合函数求导法则之逆向思维的计算复合函数的不定积分的方法——换元积分法（简称换元法）. 常用的换元积分法分为两类：第一类换元积分法和第二类换元积分法.

1）第一类换元积分法（凑微分法）

引例 1　求 $\int \mathrm{e}^{2x} \mathrm{d}x$.

分析　因为被积函数 e^{2x} 是一个复合函数，故不能用直接积分法求出，若引入中间变量 $u = 2x \Rightarrow x = \dfrac{u}{2} \Rightarrow \mathrm{d}x = \dfrac{\mathrm{d}u}{2}$，代入积分有

$$\int \mathrm{e}^{2x} \mathrm{d}x = \int \mathrm{e}^u \frac{\mathrm{d}u}{2} = \frac{1}{2} \int \mathrm{e}^u \mathrm{d}u$$

$$= \frac{1}{2} \mathrm{e}^u + C \xrightarrow{\text{回代 } u = 2x} \frac{1}{2} \mathrm{e}^{2x} + C$$

可以验证积分结果是正确的,这一方法用于计算某些复合函数的积分相当有效.

一般地,关于换元法,有如下定理.

定理 7.2 若 $\int f(u)\mathrm{d}u = F(u) + C$,且 $u = \varphi(x)$ 可微,则

$$\int f[\varphi(x)]\varphi'(x)\mathrm{d}x = F[\varphi(x)] + C$$

【证明】 因为 $F'(u) = f(u)$,$u = \varphi(x)$ 可微,所以

$$[F(\varphi(x))]' = F'_u \cdot u'_x = f(u)\varphi'(x) = f[\varphi(x)]\varphi'(x)$$

两边积分,可得

$$\int f[\varphi(x)]\varphi'(x)\mathrm{d}x = F[\varphi(x)] + C$$

故定理成立.

由定理 7.2 知:若 $\int f(u)\mathrm{d}u = F(u) + C$,则求形如 $\int f[\varphi(x)]\varphi'(x)\mathrm{d}x$ 的基本步骤如下:先凑微分,再换元,然后积分,最后回代,即

$$\int f[\varphi(x)]\varphi'(x)\mathrm{d}x \xlongequal{\text{凑微分}} \int f[\varphi(x)]\mathrm{d}[\varphi(x)]$$

$$\xlongequal{\text{令}\ u = \varphi(x)} \int f(u)\mathrm{d}u = F(u) + C$$

$$\xlongequal{\text{回代}} f[\varphi(x)] + C$$

上式显示:第一类换元积分法最关键的一步是将 $\varphi'(x)\mathrm{d}x$ 变成 $\mathrm{d}[\varphi(x)]$,即凑出恰当的微分,故第一类换元法又称为凑微分法.

【例 7.16】 求 $\int(3x - 1)^4\mathrm{d}x$.

【解】 $\int(3x - 1)^4\mathrm{d}x = \dfrac{1}{3}\int(3x - 1)^4\mathrm{d}(3x - 1) \xlongequal{\text{令}\ u = 3x - 1} \dfrac{1}{3}\int u^4\mathrm{d}u$

$$= \dfrac{1}{3} \cdot \dfrac{1}{5}u^5 + C = \dfrac{1}{15}u^5 + C \xlongequal{\text{回代}} \dfrac{1}{15}(3x - 1)^5 + C$$

一般地,对于不定积分 $\int f(ax + b)\mathrm{d}x\ (a \neq 0)$,总可以把 $\mathrm{d}x$ 凑成 $\mathrm{d}x = \dfrac{1}{a}\mathrm{d}(ax + b)$ 的形式,于是 $\int f(ax + b)\mathrm{d}x = \dfrac{1}{a}\int f(ax + b)\mathrm{d}(ax + b)$,实际上这里所做的变换是 $u = ax + b$,只是不写出这一步而已.

【例 7.17】 求 $\int \dfrac{1}{5 - 7x}\mathrm{d}x$.

【解】 $\int \dfrac{1}{5 - 7x}\mathrm{d}x = -\dfrac{1}{7}\int \dfrac{1}{5 - 7x}\mathrm{d}(5 - 7x) = -\dfrac{1}{7}\ln|5 - 7x| + C$

在对凑微分法比较熟悉后,可省略设中间变量的过程. 例 7.17 中省略了令 $u = 5 - 7x$ 的换元过程.

【例 7.18】 求 $\int \dfrac{\mathrm{d}x}{(3x + 2)^2}$.

【解】 $\displaystyle\int \frac{\mathrm{d}x}{(3x+2)^2} = \frac{1}{3}\int \frac{1}{(3x+2)^2}\mathrm{d}(3x+2) = -\frac{1}{3(3x+2)} + C$

【例7.19】 求 $\displaystyle\int \sin(\omega t + \varphi)\mathrm{d}t$.

【解】 $\displaystyle\int \sin(\omega t + \varphi)\mathrm{d}t = \frac{1}{\omega}\int \sin(\omega t + \varphi)\mathrm{d}(\omega t + \varphi) = -\frac{1}{\omega}\cos(\omega t + \varphi) + C$

【例7.20】 求 $\displaystyle\int x\mathrm{e}^{x^2}\mathrm{d}x$.

【解】 令 $u = x^2$,则有 $\mathrm{d}u = \mathrm{d}x^2 = 2x\mathrm{d}x$,得 $x\mathrm{d}x = \frac{1}{2}\mathrm{d}x^2$,省略换元过程,求解如下:

$$\int x\mathrm{e}^{x^2}\mathrm{d}x = \frac{1}{2}\int \mathrm{e}^{x^2}\mathrm{d}x^2 = \frac{1}{2}\mathrm{e}^{x^2} + C$$

凑微分公式 $x\mathrm{d}x = \frac{1}{2}\mathrm{d}x^2$,可扩展为 $x\mathrm{d}x = \frac{1}{2a}\mathrm{d}(ax^2+b)\ (a\neq 0)$.

在求解过程中,凑微分公式及中间变量 u 可以不写出来,以便简化求解过程.

【例7.21】 求 $\displaystyle\int x(x^2+1)^5\mathrm{d}x$.

【解】 $\displaystyle\int x(x^2+1)^5\mathrm{d}x = \frac{1}{2}\int (x^2+1)^5\mathrm{d}(x^2+1) = \frac{1}{12}(x^2+1)^6 + C$

类似于上述例题,还有下列常用的凑微分公式:

$$x^2\mathrm{d}x = \frac{1}{3}\mathrm{d}x^3, \quad \frac{1}{x^2}\mathrm{d}x = -\mathrm{d}\frac{1}{x}, \quad \frac{1}{\sqrt{x}}\mathrm{d}x = 2\mathrm{d}\sqrt{x}$$

凑微分公式的一般形式为

$$\varphi'(x)\mathrm{d}x = \mathrm{d}\varphi(x)$$

现将常见的凑微分关系式列出:

$(1)\ \mathrm{d}x = \frac{1}{a}\mathrm{d}ax = \frac{1}{a}\mathrm{d}(ax+b)\ (a\neq 0)$ $(2)\ x\mathrm{d}x = \frac{1}{2}\mathrm{d}x^2$

$(3)\ x^2\mathrm{d}x = \frac{1}{3}\mathrm{d}x^3$ $(4)\ \frac{1}{x}\mathrm{d}x = \mathrm{d}\ln|x|$

$(5)\ \frac{1}{x^2}\mathrm{d}x = -\mathrm{d}\frac{1}{x}$ $(6)\ \frac{1}{\sqrt{x}}\mathrm{d}x = 2\mathrm{d}(\sqrt{x})$

$(7)\ \mathrm{e}^x\mathrm{d}x = \mathrm{d}\mathrm{e}^x$ $(8)\ \mathrm{e}^{ax}\mathrm{d}x = \frac{1}{a}\mathrm{d}\mathrm{e}^{ax}$

$(9)\ \cos x\mathrm{d}x = \mathrm{d}\sin x$ $(10)\ \sin x\mathrm{d}x = -\mathrm{d}\cos x$

$(11)\ \sec^2 x\mathrm{d}x = \mathrm{d}\tan x$ $(12)\ \csc^2 x\mathrm{d}x = -\mathrm{d}\cot x$

$(13)\ \frac{1}{\sqrt{1-x^2}}\mathrm{d}x = \mathrm{d}\arcsin x$ $(14)\ \frac{1}{1+x^2}\mathrm{d}x = \mathrm{d}\arctan x$

以上每个凑微分公式都可运用公式(1)进行变形,例如:

公式(4)可变形为 $\frac{1}{x}\mathrm{d}x = \mathrm{d}\ln|x| = \frac{1}{a}\mathrm{d}(a\ln|x|+b)\ (a\neq 0)$;

公式(9)可变形为 $\cos x \mathrm{d}x = \mathrm{d}\sin x = \dfrac{1}{a}\mathrm{d}(a\sin x + b)\,(a \neq 0)$.

凑微分法主要用于被积分函数中含复合函数 $f[\varphi(x)]$ 的积分,使用凑微分法的关键是把被积表达式凑成两部分:一部分为 $\mathrm{d}[\varphi(x)]$,另一部分为 $f[\varphi(x)]$,即将积分先凑成 $\displaystyle\int f[\varphi(x)]\varphi'(x)\mathrm{d}x = \int f[\varphi(x)]\mathrm{d}[\varphi(x)]$ 的形式后再积分.

【例7.22】 求 $\displaystyle\int x^2 \cos(x^3 - 2)\mathrm{d}x$.

【解】 $\displaystyle\int x^2 \cos(x^3 - 2)\mathrm{d}x = \frac{1}{3}\int \cos(x^3 - 2)\mathrm{d}(x^3 - 2) = \frac{1}{3}\sin(x^3 - 2) + C$

【例7.23】 求 $\displaystyle\int \frac{\cos\sqrt{x}}{\sqrt{x}}\mathrm{d}x$.

【解】 $\displaystyle\int \frac{\cos\sqrt{x}}{\sqrt{x}}\mathrm{d}x = 2\int \cos\sqrt{x}\,\mathrm{d}\sqrt{x} = 2\sin\sqrt{x} + C$

【例7.24】 求 $\displaystyle\int \frac{1}{x^2}\mathrm{e}^{-\frac{2}{x}}\mathrm{d}x$.

【解】 $\displaystyle\int \frac{1}{x^2}\mathrm{e}^{-\frac{2}{x}}\mathrm{d}x = \int \mathrm{e}^{-\frac{2}{x}} \cdot \frac{1}{x^2}\mathrm{d}x = \int \mathrm{e}^{-\frac{2}{x}} \cdot \mathrm{d}\left(-\frac{1}{x}\right)$

$\displaystyle\qquad\qquad\quad = \frac{1}{2}\int \mathrm{e}^{-\frac{2}{x}}\mathrm{d}\left(-\frac{2}{x}\right) = \frac{1}{2}\mathrm{e}^{-\frac{2}{x}} + C$

当被积函数含指数函数 e^x 或 $\mathrm{e}^{ax}\,(a \neq 0)$ 时,可用凑微分公式 $\mathrm{e}^x\mathrm{d}x = \mathrm{d}\mathrm{e}^x$ 或 $\mathrm{e}^{ax}\mathrm{d}x = \dfrac{1}{a}\mathrm{d}\mathrm{e}^{ax}\,(a \neq 0)$.

【例7.25】 求 $\displaystyle\int \frac{\mathrm{e}^x}{1 + \mathrm{e}^{2x}}\mathrm{d}x$.

【解】 $\displaystyle\int \frac{\mathrm{e}^x}{1 + \mathrm{e}^{2x}}\mathrm{d}x = \int \frac{1}{1 + (\mathrm{e}^x)^2}\mathrm{d}\mathrm{e}^x = \arctan\mathrm{e}^x + C$

当被积函数同时出现 $\dfrac{1}{x}$ 与 $\ln x$ 时,可用凑微分公式 $\dfrac{1}{x}\mathrm{d}x = \mathrm{d}\ln x$.

【例7.26】 求 $\displaystyle\int \frac{1}{x\sqrt{1 + \ln x}}\mathrm{d}x$.

【解】 $\displaystyle\int \frac{1}{x\sqrt{1 + \ln x}}\mathrm{d}x = \int \frac{1}{\sqrt{1 + \ln x}} \cdot \frac{1}{x}\mathrm{d}x = \int \frac{1}{\sqrt{1 + \ln x}}\mathrm{d}\ln x$

$\displaystyle\qquad\qquad\quad = \int \frac{1}{\sqrt{1 + \ln x}}\mathrm{d}(1 + \ln x) = 2\sqrt{1 + \ln x} + C$

在三角函数积分中,常用的凑微分公式:

$$\cos x \mathrm{d}x = \mathrm{d}\sin x = \frac{1}{a}\mathrm{d}(a\sin x + b) \quad (a \neq 0)$$

$$\sin x \mathrm{d}x = -\mathrm{d}\cos x = -\frac{1}{a}\mathrm{d}(a\cos x + b) \quad (a \neq 0)$$

【例7.27】　求 $\int (5\sin x + 6)^3 \cos x \mathrm{d}x$.

【解】　$\int (5\sin x + 6)^3 \cos x \mathrm{d}x = \dfrac{1}{5}\int (5\sin x + 6)^3 \mathrm{d}(5\sin x + 6)$

$$= \dfrac{1}{20}(5\sin x + 6)^4 + C$$

【例7.28】　求 $\int \tan x \mathrm{d}x$.

【解】　$\int \tan x \mathrm{d}x = \int \dfrac{\sin x}{\cos x}\mathrm{d}x = -\int \dfrac{1}{\cos x}\mathrm{d}(\cos x) = -\ln|\cos x| + C$

类似地,可以求得

$$\int \cot x \mathrm{d}x = \ln|\sin x| + C$$

【例7.29】　求 $\int \sin x \cos x \mathrm{d}x$.

【解】　**方法1**　$\int \sin x \cos x \mathrm{d}x = \int \sin x \mathrm{d}(\sin x) = \dfrac{1}{2}\sin^2 x + C$

方法2　$\int \sin x \cos x \mathrm{d}x = \int \cos x \sin x \mathrm{d}x = -\int \cos x \mathrm{d}(\cos x) = -\dfrac{1}{2}\cos^2 x + C$

方法3　$\int \sin x \cos x \mathrm{d}x = \dfrac{1}{2}\int 2\sin x \cos x \mathrm{d}x = \dfrac{1}{4}\int \sin 2x \mathrm{d}2x = -\dfrac{1}{4}\cos 2x + C$

<u>注　意</u>

对于三角函数的积分,由于求解方法不同其结果在形式上可能不同,但通过三角函数公式的变形,本质上是一致的.事实上,要想知道积分结果是否正确,只需对所得结果求导检验即可.

2)第二类换元积分法(简称第二换元积分)

第一类换元积分法是求具有 $\int f[\varphi(x)]\varphi'(x)\mathrm{d}x$ 这种特殊结构的复合函数的积分,对于函数 $f[\varphi(x)]$ 必须有一个与之配合的函数 $\varphi'(x)$,通过凑微分 $\varphi'(x)\mathrm{d}x = \mathrm{d}\varphi(x)$ 求出积分.但是对于类似 $\int \dfrac{1}{\sqrt{x}-1}\mathrm{d}x, \int \sqrt{a^2 - x^2}\mathrm{d}x(a > 0)$ 这类积分,第一类换元积分法是不能解决问题的,此时需要做相反方式的换元,才能进行计算.

引例2　求 $\int \dfrac{1}{1 + \sqrt{2+x}}\mathrm{d}x$.

分析　被积函数中含有根号,不能凑微分.为了去掉根号,令 $t = \sqrt{2+x}, x = t^2 - 2$,则 $\mathrm{d}x = 2t\mathrm{d}t$,于是

$$\int \dfrac{1}{1 + \sqrt{2+x}}\mathrm{d}x = \int \dfrac{2t\mathrm{d}t}{1 + t} = 2\int \dfrac{(t+1) - 1}{1 + t}\mathrm{d}t$$

$$= 2\int\left(1 - \frac{1}{1+t}\right)dt = 2(t - \ln|1+t|) + C$$

$$\xlongequal{\text{回代 } t = \sqrt{2+x}} 2(\sqrt{2+x} - \ln|1 + \sqrt{2+x}|) + C$$

本题的解题思路是：首先选择适当的变量替换 $t = \sqrt{2+x}$，将原积分变量 x 替换成新的积分变量 t，再求出关于新积分变量 t 的不定积分，最后将 t 还原成 x. 这就是下面将介绍的第二类换元积分.

定理 7.3（第二类换元积分法）　设函数 $f(x)$ 连续，函数 $x = \varphi(t)$ 单调可导，$\varphi'(t) \neq 0$ 且 $f[\varphi(t)]\varphi'(t)$ 有原函数 $F(t)$，则有换元公式

$$\int f(x)dx \xlongequal{\text{令 } x = \varphi(t)} \int f[\varphi(t)]\varphi'(t)dt = F(t) + C$$

$$\xlongequal{\text{回代 } t = \varphi^{-1}(x)} F[\varphi^{-1}(x)] + C$$

（证明略）

定理 7.3 表明，第二类换元积分法的基本步骤为换元、积分、回代.

这一方法是把第一类换元积分法反过来使用. 在第一类换元积分法中换元过程可以凑微分形式出现，不必写出换元过程，但当换元过程不便用凑微分形式表示时，则必须写出换元过程. 定理 7.2 与定理 7.3 中的换元公式只是在不同的情况下同一公式的两种不同的使用方式而已，两类换元法在本质上是一样的.

一般地，第二类换元积分法主要用于消去被积函数中的根号，常用的有简单根式代换和三角代换. 本节主要讲解简单根式代换，三角代换参考二维码内容.

三角代换

（1）简单根式代换：当被积函数含有根式 $\sqrt[n]{ax+b}$ 时，变量替换令 $t = \sqrt[n]{ax+b}$ 消去根号后再积分.

【例 7.30】　求 $\int \dfrac{x^2}{\sqrt{2-x}}dx$.

【解】　令 $\sqrt{2-x} = t \Rightarrow x = 2 - t^2 \Rightarrow dx = -2tdt$，于是

$$\int \frac{x^2}{\sqrt{2-x}}dx = \int \frac{(2-t^2)^2}{t}(-2t)dt = -2\int(4 - 4t^2 + t^4)dt$$

$$= -2\left(4t - \frac{4}{3}t^3 + \frac{1}{5}t^5\right) + C = t\left(-8 + \frac{8}{3}t^2 - \frac{2}{5}t^4\right) + C$$

$$= \sqrt{2-x}\left(-\frac{2}{5}x^2 - \frac{16}{15}x - \frac{64}{15}\right) + C$$

【例 7.31】　求 $\int x\sqrt{2x+3}\,dx$.

【解】　令 $\sqrt{2x+3} = t$，即 $x = \dfrac{1}{2}(t^2 - 3)$，$dx = tdt$，于是

$$\int x\sqrt{2x+3}\,dx = \int \frac{1}{2}(t^2 - 3) \cdot t \cdot tdt = \frac{1}{2}\int(t^4 - 3t^2)dt$$

$$= \frac{1}{10}t^5 - \frac{1}{2}t^3 + C = \frac{1}{10}(2x+3)^{\frac{5}{2}} - \frac{1}{2}(2x+3)^{\frac{3}{2}} + C$$

【例 7.32】 求 $\displaystyle\int \frac{\mathrm{d}x}{\sqrt{x} + \sqrt[3]{x}}$.

【解】 为了同时去掉被积函数中的两个根式,令 $x = t^6$,则 $\mathrm{d}x = 6t^5\mathrm{d}t$,于是

$$\int \frac{1}{\sqrt{x} + \sqrt[3]{x}}\mathrm{d}x = \int \frac{6t^5}{t^3 + t^2}\mathrm{d}t = 6\int \frac{t^3}{t+1}\mathrm{d}t$$

$$= 6\int \frac{(t^3+1)-1}{t+1}\mathrm{d}t = 6\int\left(t^2 - t + 1 - \frac{1}{t+1}\right)\mathrm{d}t$$

$$= 2t^3 - 3t^2 + 6t - 6\ln|t+1| + C$$

$$= 2\sqrt{x} - 3\sqrt[3]{x} + 6\sqrt[6]{x} - 6\ln(\sqrt[6]{x}+1) + C$$

【例 7.33】 求 $\displaystyle\int \frac{1}{\sqrt{1+\mathrm{e}^x}}\mathrm{d}x$.

【解】 $\displaystyle\int \frac{1}{\sqrt{1+\mathrm{e}^x}}\mathrm{d}x \xlongequal{\sqrt{1+\mathrm{e}^x}=t,\,x=\ln(t^2-1)} \int \frac{1}{t}\mathrm{d}[\ln(t^2-1)]$

$$= \int \frac{1}{t} \cdot \frac{2t}{t^2-1}\mathrm{d}t = 2\int \frac{1}{t^2-1}\mathrm{d}t = 2 \cdot \frac{1}{2}\ln\left|\frac{t-1}{t+1}\right| + C$$

$$= \ln\left|\frac{\sqrt{1+\mathrm{e}^x}-1}{\sqrt{1+\mathrm{e}^x}+1}\right| + C$$

当被积函数中含有 x 的根式时,一般可作代换去掉根式,从而得积分. 这种代换也称为有理代换.

有些积分结果在求其他积分时经常用到,通常将它们作为公式直接应用.

(1) $\displaystyle\int \tan x\mathrm{d}x = -\ln|\cos x| + C$

(2) $\displaystyle\int \cot x\mathrm{d}x = \ln|\sin x| + C$

(3) $\displaystyle\int \sec x\mathrm{d}x = \ln|\sec x + \tan x| + C$

(4) $\displaystyle\int \csc x\mathrm{d}x = \ln|\csc x - \cot x| + C$

(5) $\displaystyle\int \frac{1}{a^2+x^2}\mathrm{d}x = \frac{1}{a}\arctan\frac{x}{a} + C$

(6) $\displaystyle\int \frac{1}{\sqrt{a^2-x^2}}\mathrm{d}x = \arcsin\frac{x}{a} + C$

(7) $\displaystyle\int \frac{\mathrm{d}x}{a^2-x^2} = \frac{1}{2a}\ln\left|\frac{x+a}{x-a}\right| + C$

(8) $\displaystyle\int \frac{1}{\sqrt{x^2 \pm a^2}}\mathrm{d}x = \ln\left|x + \sqrt{x^2 \pm a^2}\right| + C$

【例 7.34】 求 $\int \dfrac{\mathrm{d}x}{\sqrt{4x^2+9}}$.

【解】 由上述公式(8)可得

$$\int \frac{\mathrm{d}x}{\sqrt{4x^2+9}} = \int \frac{\mathrm{d}x}{\sqrt{(2x)^2+3^2}} = \frac{1}{2}\int \frac{\mathrm{d}(2x)}{\sqrt{(2x)^2+3^2}} = \frac{1}{2}\ln(2x+\sqrt{4x^2+9})+C$$

【例 7.35】 求 $\int \dfrac{\mathrm{d}x}{\sqrt{1+x-x^2}}$.

【解】 由上述公式(6)，得

$$\int \frac{\mathrm{d}x}{\sqrt{1+x-x^2}} = \int \frac{\mathrm{d}\left(x-\frac{1}{2}\right)}{\sqrt{\left(\frac{\sqrt{5}}{2}\right)^2-\left(x-\frac{1}{2}\right)^2}} = \arcsin\frac{x-\frac{1}{2}}{\frac{\sqrt{5}}{2}}+C = \arcsin\frac{2x-1}{\sqrt{5}}+C$$

一般地，若被积函数中含有 $\sqrt{ax^2+bx+c}$ 时，先对二次三项式配方，再利用三角代换或公式即可.

7.2.3 分部积分法

前面在复合函数微分法基础上得到了换元积分法，从而通过适当的变量代换，把一些不易计算的不定积分转化为容易计算的形式. 但当被积分函数是两个不同类型函数的乘积时，则需应用两个函数乘积的求导（或微分）公式.

例如，$\int x''\sin\beta t\mathrm{d}x$，$\int x^n a^x\mathrm{d}x$，$\int x^n \ln x\mathrm{d}x$，$\int x^n \arctan x\mathrm{d}x$，$\cdots$

下面利用两个函数乘积的微分法来推导另一种基本积分法 —— 分部积分法.

定理 7.4（分部积分法） 若函数 $u=u(x)$，$v=v(x)$ 可导，则

$$\int uv'\mathrm{d}x = uv - \int u'v\mathrm{d}x \quad \text{或} \quad \int u\mathrm{d}v = uv - \int v\mathrm{d}u$$

【证明】 因为 $\quad (uv)' = u'v+uv'$

所以 $\quad uv' = (uv)' - u'v$

两边积分得 $\quad \int uv'\mathrm{d}x = uv - \int u'v\mathrm{d}x$

又因为 $\quad v'\mathrm{d}x = \mathrm{d}v, u'\mathrm{d}x = \mathrm{d}u$

所以 $\quad \int u\mathrm{d}v = uv - \int v\mathrm{d}u$

定理 7.4 中所列公式称为分部积分公式，利用上式求积分的方法称为分部积分法. 其特点是把左边积分 $\int u\mathrm{d}v$ 换成了右边积分 $\int v\mathrm{d}u$.

习惯上称公式：$\int uv'\mathrm{d}x = uv - \int u'v\mathrm{d}x$ 为导数型；$\int u\mathrm{d}v = uv - \int v\mathrm{d}u$ 为微分型.

使用分部积分法的关键在于适当选取 u 和 $\mathrm{d}v$，使等式右边的积分易于计算，若选取不当，反而会使运算更加复杂.

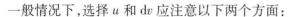

一般情况下,选择 u 和 $\mathrm{d}v$ 应注意以下两个方面:

(1) v 容易求出;

(2) $v\mathrm{d}u$ 要比 $u\mathrm{d}v$ 容易积出.

【例 7.36】 求 $\int x \sin x \mathrm{d}x$.

【解】 选择导数型公式,令 $u = x, v' = \sin x$,则 $u' = 1, v = -\cos x$,故

$$\int x \sin x \mathrm{d}x = \int x \cdot (-\cos x)' \mathrm{d}x = -x \cos x + \int \cos x \mathrm{d}x = -x \cos x + \sin x + C$$

【例 7.37】 求 $\int x^2 \mathrm{e}^x \mathrm{d}x$.

【解】 选择微分型公式,令 $u = x^2, \mathrm{d}v = \mathrm{e}^x \mathrm{d}x = \mathrm{d}\mathrm{e}^x$,则 $\mathrm{d}u = 2x\mathrm{d}x, v = \mathrm{e}^x$,故

$$\int x^2 \mathrm{e}^x \mathrm{d}x = \int x^2 \mathrm{d}\mathrm{e}^x = x^2 \mathrm{e}^x - \int 2x\mathrm{e}^x \mathrm{d}x = x^2 \mathrm{e}^x - 2\int x\mathrm{e}^x \mathrm{d}x$$

对 $\int x\mathrm{e}^x \mathrm{d}x$ 再用一次分部积分法的微分型公式

$$\int x\mathrm{e}^x \mathrm{d}x = \int x\mathrm{d}\mathrm{e}^x = x\mathrm{e}^x - \int \mathrm{e}^x \mathrm{d}x = x\mathrm{e}^x - \mathrm{e}^x + C$$

代回原式可得

$$\int x^2 \mathrm{e}^x \mathrm{d}x = x^2 \mathrm{e}^x - 2x\mathrm{e}^x + 2\mathrm{e}^x + C$$

通过上述例题可知:当被积函数是幂函数与指数函数(或三角函数)的乘积时,设幂函数为 u,其余部分为 $\mathrm{d}v$.

【例 7.38】 求 $\int x \ln x \mathrm{d}x$.

【解】

$$\int x \ln x \mathrm{d}x = \int \ln x \mathrm{d}\left(\frac{1}{2}x^2\right) = \frac{1}{2}x^2 \ln x - \frac{1}{2}\int x^2 \mathrm{d}(\ln x)$$

$$= \frac{1}{2}x^2 \ln x - \frac{1}{2}\int x^2 \cdot \frac{1}{x}\mathrm{d}x = \frac{1}{2}x^2 \ln x - \frac{1}{4}x^2 + C$$

【例 7.39】 求 $\int \arctan x \mathrm{d}x$.

【解】

$$\int \arctan x \mathrm{d}x = \arctan x \cdot x - \int x\mathrm{d}(\arctan x) = x \arctan x - \int \frac{x}{1 + x^2}\mathrm{d}x$$

$$= x \arctan x - \frac{1}{2}\int \frac{1}{1 + x^2}\mathrm{d}x^2$$

$$= x \arctan x - \frac{1}{2}\int \frac{1}{1 + x^2}\mathrm{d}(1 + x^2)$$

$$= x \arctan x - \frac{1}{2}\ln(1 + x^2) + C$$

当被积函数是幂函数与对数函数(或反三角函数) 乘积时,设幂函数与 $\mathrm{d}x$ 的乘积为 $\mathrm{d}v$,其余部分为 u.

【例 7.40】 求 $\int \mathrm{e}^x \sin x \mathrm{d}x$.

【解】 $\displaystyle\int e^x \sin x dx = \int e^x d(-\cos x) = -e^x \cos x + \int \cos x e^x dx$

$$= -e^x \cos x + \int e^x d(\sin x)$$

$$= -e^x \cos x + e^x \sin x - \int e^x \sin x dx$$

故 $\displaystyle\int e^x \sin x dx = \frac{1}{2} e^x (\sin x - \cos x) + C$

某些积分在连续使用分部积分公式的过程中，会出现原积分的形式，称此种形式的积分为循环积分. 这时把等式看作以原积分为未知量的方程，解之可得所求积分.

由上述例子可总结出，一般情况下选择 u 和 dv 应遵循如下规则：

（1）当被积函数是幂函数与指数函数或三角函数的乘积时，设幂函数为 u，其余部分为 dv，即将三角函数或指数函数凑成微分形式，简称"三指凑 dv"；

（2）当被积函数是幂函数与对数函数或反三角函数的乘积时，设幂函数与 dx 的乘积为 dv，其余部分为 u，即将反三角函数或对数函数设为 u，简称"反对选作 u"；

（3）当被积函数是指数函数与三角函数之积时，u，dv 可任意选择，但必须以相同的选择连续使用两次分部积分法，这时在等式右边会出现循环积分，然后移项解出所求积分.

7.2.4 综合应用

不定积分的常用积分法有：第一类换元积分法——凑微分法；第二类换元积分法中的根式代换与分部积分法三种方法. 通常凑微分法主要用于复合函数积分，其基本步骤是利用凑微分公式将积分凑成 $\displaystyle\int f[\varphi(x)] d\varphi(x)$ 形式再积分；根式代换法主要用于被积函数含有根号的积分，换元的目的是消去根号，常用的代换有简单根式代换与三角代换，其基本步骤是换元、积分、回代；分部积分法主要用于两类不同函数的乘积的积分，其基本步骤是先将积分凑成 $\int u dv$ 形式，再套用分部积分公式. 当然，这几种积分方法应灵活使用，切忌死套公式. 有时一题可用多种方法求解，有时又需兼用换元法与分部积分法才能求出最终结果.

【例 7.41】 求 $\displaystyle\int \frac{x}{\sqrt{x-1}} dx$.

【解 1】 （换元法）

$$\int \frac{x}{\sqrt{x-1}} dx \xlongequal[dx = 2tdt]{\sqrt{x-1}=t,\, x=1+t^2} \int \frac{1+t^2}{t} \cdot 2t dt = 2\int (1+t^2) dt = 2t + \frac{2}{3}t^3 + C$$

$$\xlongequal{\text{回代}} 2\sqrt{x-1} + \frac{2}{3}\sqrt{(x-1)^3} + C$$

【解2】 （凑微分法）

$$\int \frac{x}{\sqrt{x-1}}dx = \int \frac{x-1+1}{\sqrt{x-1}}dx = \int \left(\sqrt{x-1} + \frac{1}{\sqrt{x-1}} \right) d(x-1)$$

$$= \frac{2}{3}\sqrt{(x-1)^3} + 2\sqrt{x-1} + C$$

【解3】 （分部积分法）

$$\int \frac{x}{\sqrt{x-1}}dx = 2\int x d\sqrt{x-1} = 2\left(x\sqrt{x-1} - \int \sqrt{x-1}\,dx \right)$$

$$= 2\left(x\sqrt{x-1} - \frac{2}{3}\sqrt{(x-1)^3} \right) + C$$

【例7.42】 求 $\int e^{\sqrt{x-1}}dx$.

【解】 令 $\sqrt{x-1}=t$，则 $x=t^2+1$, $dx=2tdt$，于是

$$\int e^{\sqrt{x-1}}dx = \int e^t \cdot 2tdt = 2\int e^t t\,dt = 2\int t d(e^t) = 2te^t - 2\int e^t dt = 2te^t - 2e^t + C$$

$$\xlongequal{\text{回代}} 2e^{\sqrt{x-1}}(\sqrt{x-1} - 1) + C$$

分部积分的
"竖式" 方法

习题 7.2

1. 求下列不定积分.

(1) $\int x^2\sqrt{x}\,dx$

(2) $\int \frac{(x-1)^3}{x^2}dx$

(3) $\int \left(3x^2 + \sqrt{x} - \frac{2}{x}\right)dx$

(4) $\int \frac{3 \times 4^x - 3^x}{4^x}dx$

(5) $\int (10^x + x^{10})dx$

(6) $\int \frac{3x^4 + 3x^2 - 1}{x^2 + 1}dx$

(7) $\int \frac{5}{x^2(1+x^2)}dx$

(8) $\int e^x \left(2^x + \frac{e^{-x}}{\sqrt{1-x^2}} \right) dx$

(9) $\int \sin^2 \frac{x}{2}dx$

(10) $\int \left(\sin \frac{x}{2} - \cos \frac{x}{2} \right)^2 dx$

2. 利用凑微分法求不定积分.

(1) $\int e^{-3x}dx$

(2) $\int \sin ax\,dx$

(3) $\int \frac{dx}{\sin^2 3x}$

(4) $\int \frac{dx}{4x-3}$

(5) $\int \tan 2x\,dx$

(6) $\int e^x \sin(e^x + 1)dx$

$(7)\int\tan\varphi\sec^2\varphi d\varphi$

$(8)\int\left(\tan 4s-\cot\dfrac{s}{4}\right)ds$

$(9)\int\cos^2 x\sin x dx$

$(10)\int\dfrac{1}{x^2-x-6}dx$

$(11)\int\dfrac{x^2}{\sqrt{x^3+1}}dx$

$(12)\int\dfrac{dx}{\cos^2 x\sqrt{\tan x-1}}$

$(13)\int\dfrac{\sin 2x}{\sqrt{1+\sin^2 x}}dx$

$(14)\int\dfrac{\ln^3 x}{x}dx$

$(15)\int\dfrac{\cos x}{2\sin x+3}dx$

$(16)\int\dfrac{1}{x^2}e^{\frac{1}{x}}dx$

$(17)\int\dfrac{1}{x\ln x}dx$

$(18)\int\dfrac{dx}{\sqrt{4-x^2}}$

$(19)\int\dfrac{2}{4+x^2}dx$

$(20)\int\dfrac{dx}{4-9x}$

$(21)\int\cos^3 x dx$

$(22)\int\dfrac{x-\arctan x}{1+x^2}dx$

3. 用第二类换元积分法计算.

$(1)\int\dfrac{dx}{1+\sqrt[3]{x+1}}$

$(2)\int\dfrac{dx}{\sqrt{x}(1+\sqrt{x})}$

$(3)\int\sqrt[5]{x+1}\,x dx$

$(4)\int x\sqrt{x-1}\,dx$

$(5)\int\dfrac{x}{\sqrt{x-3}}dx$

$(6)\int\dfrac{2}{\sqrt{2x}+\sqrt[3]{2x}}dx$

$(7)\int\dfrac{dx}{\sqrt{1+x+x^2}}$

$(8)\int\dfrac{e^x-1}{e^x+1}dx$

4. 用分部积分法求下列不定积分.

$(1)\int xe^{2x}dx$

$(2)\int x\sin 2x dx$

$(3)\int\arcsin x dx$

$(4)\int x\ln(1+x^2)dx$

$(5)\int x^2 e^{3x}dx$

$(6)\int e^{-x}\sin x dx$

$(7)\int\dfrac{\ln\sin x}{\cos^2 x}dx$

$(8)\int\dfrac{x\cos x}{\sin^3 x}dx$

5. 综合应用.

$(1)\int e^{\sqrt{x}}dx$

$(2)\int\cos^2\sqrt{x}\,dx$

第 **8** 章　定积分

定积分是积分学中的第二个基本概念,它主要起源于求一些不规则图形的面积、体积等实际问题.本章首先利用定积分的实际背景引出定积分的概念,讨论其性质,再通过微积分基本定理,阐明定积分与不定积分的紧密联系,从而解决定积分的计算问题.定积分的计算是本章的重点,读者要熟练掌握定积分的计算法.

8.1　定积分的概念与性质

8.1.1　定积分的概念

1)两个引例

在实际问题中,我们常常要丈量土地的面积,而土地的形状往往是不规则的[图8.1(a)],此时可以将一个不规则的图形划分成一些曲边梯形的代数和.

所谓曲边梯形,就是由三条直线(其中两条互相平行且与第三条垂直)与一条曲线所围成的图形.为方便起见,设两直线方程分别为 $x=a$ 和 $x=b$,其中 $a<b$,与之垂直的第三条直线为 x 轴,第四边为连续曲线 $y=f(x)(f(x)\geqslant0)$,如图8.1(b)所示.我们称该曲边梯形是以区间 $[a,b]$ 为底,曲线 $y=f(x)$ 为高的曲边梯形.

如果我们会计算如图8.1(b)所示的曲边梯形面积,也就会计算如图8.1(a)所示的任意的不规则图形的面积了.下面我们就来探讨如何求这个曲边梯形的面积.

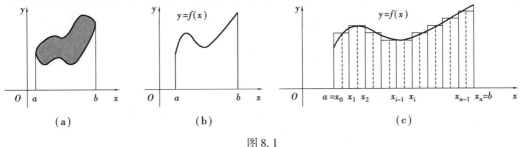

图8.1

引例1　求以区间 $[a,b]$ 为底,曲线 $y=f(x)(f(x)\geqslant0)$ 为高的曲边梯形的面积 A.

分析　在图8.1(c)中,可以设想沿 x 轴方向将曲边梯形纵向切割成无数个细直窄条,并把每个窄条近似地看成矩形,这些矩形的面积累加起来就是所求面积的近似值.分割越细,误差越小,于是当所有窄条宽度趋于零时,其近似值的极限就是所求面积的精确值.具体计算步骤归纳如下：

（1）分割取近似：在区间 $[a,b]$ 上任取分点 $a = x_0 < x_1 < x_2 < \cdots < x_{n-1} < x_n = b$，将 $[a,b]$ 分割成 n 个小区间 $[x_{i-1}, x_i](i = 1, 2, \cdots n)$，其长度为 $\Delta x_i = x_i - x_{i-1}(i = 1, 2, \cdots, n)$，相应地，曲边梯形被分割成 n 个细直窄条，面积记为 $\Delta A_i(i = 1, 2, \cdots, n)$，又在 $[x_{i-1}, x_i]$ 内任取一点 $\xi_i(i = 1, 2, \cdots, n)$，于是这些小区间上对应窄条可近似地看成以 $f(\xi_i)$ 为高、Δx_i 为底的小矩形，小矩形面积为 $f(\xi_i)\Delta x_i$，即

$$\Delta A_i \approx f(\xi_i)\Delta x_i$$

（2）求和取极限：将上述 n 个小矩形的面积相加得到所求曲边梯形面积 A 的近似值，即

$$A = \sum_{i=1}^{n} \Delta A_i \approx \sum_{i=1}^{n} f(\xi_i)\Delta x_i$$

记上述小区间长度的最大值为 λ，即 $\lambda = \max_{1 \leq i \leq n}\{\Delta x_i\}$，并令 $\lambda \to 0$，此时 $n \to \infty$（即每个小区间的长度无限缩小，分点无限增多），则得到曲边梯形面积 A 的精确值，即

$$A = \lim_{\lambda \to 0} \sum_{i=1}^{n} f(\xi_i)\Delta x_i$$

引例2 求变速直线运动的路程.

设一物体作变速直线运动，已知速度 $v = v(t)$ 是定义在时间区间 $[T_1, T_2]$ 上的连续函数且 $v(t) \geq 0$，求该物体在这段时间内所行走的路程 s.

分析 类似引例1的分析，部分用匀速代变速求得近似值，再通过取极限求得精确值. 具体计算步骤归纳如下：

（1）分割取近似：任取分点 $T_1 = t_0 < t_1 < t_2 < \cdots < t_{n-1} < t_n = T_2$，将时间区间 $[T_1, T_2]$ 分成 n 个长度为 $\Delta t_i = t_i - t_{i-1}(i = 1, 2, \cdots, n)$ 的微小时段 $[t_{i-1}, t_i](i = 1, 2, \cdots, n)$，物体在每一小段时间内行走的路程记为 $\Delta s_i(i = 1, 2, \cdots, n)$，在每个小时段内任取时刻 $\tau_i \in [t_{i-1}, t_i](i = 1, 2, \cdots, n)$，则在每个小段时间内物体都可近似地看成作速度为 $v(\tau_i)(i = 1, 2, \cdots, n)$ 的匀速直线运动，于是在每个小段时间内物体所走路程的近似值为 $v(\tau_i)\Delta t_i(i = 1, 2, \cdots, n)$，即

$$\Delta s_i \approx v(\tau_i)\Delta t_i(i = 1, 2, \cdots, n)$$

（2）求和取极限：把上述 n 个小时间段上的路程相加得到总路程 s 的近似值，即

$$s = \sum_{i=1}^{n} \Delta s_i \approx \sum_{i=1}^{n} v(\tau_i)\Delta t_i$$

记这些小时间段的最大值为 $\lambda = \max_{1 \leq i \leq n}\{\Delta t_i\}$，当 $\lambda \to 0$ 时，$\sum_{i=1}^{n} v(\tau_i)\Delta t_i$ 的极限就是所求的总路程，即

$$s = \lim_{\lambda \to 0} \sum_{i=1}^{n} v(\tau_i)\Delta t_i$$

比较上述两个引例中的极限

$$A = \lim_{\lambda \to 0} \sum_{i=1}^{n} f(\xi_i)\Delta x_i \quad \text{与} \quad s = \lim_{\lambda \to 0} \sum_{i=1}^{n} v(\tau_i)\Delta t_i$$

虽然它们的实际背景不同，但却具有相同的结构形式，都可归结为"整体无限细分，部分以常量代变量再累积求和，最后通过取极限求得所求量的精确值". 这样的数学模型称为

定积分,并且把这种解题的思想方法称为微元法.

2)定积分的定义

定义 8.1　设函数 $f(x)$ 在区间 $[a,b]$ 上有定义,在 $[a,b]$ 内任取 $n-1$ 个分点 $a=x_0<x_1<x_2<\cdots<x_{n-1}<x_n=b$,将 $[a,b]$ 分成 n 个小区间 $[x_{i-1},x_i](i=1,2,\cdots,n)$,其长度为 $\Delta x_i=x_i-x_{i-1}(i=1,2,3,\cdots,n)$,在小区间 $[x_{i-1},x_i]$ 上任取一点 ξ_i,作乘积 $f(\xi_i)\Delta x_i$ 的和式 $\sum\limits_{i=1}^{n}f(\xi_i)\Delta x_i$,并记 $\lambda=\max\limits_{1\leqslant i\leqslant n}\{\Delta x_i\}$,如果不论怎么分割区间 $[a,b]$,也不论怎么取点 ξ_i,当 $\lambda\to0$ 时,上述和式的极限 $\lim\limits_{\lambda\to0}\sum\limits_{i=1}^{n}f(\xi_i)\Delta x_i$ 都存在,则称函数 $f(x)$ 在区间 $[a,b]$ 上可积,并将此极限称为函数 $f(x)$ 在区间 $[a,b]$ 上的定积分,记为 $\int_a^b f(x)\mathrm{d}x$,即

$$\int_a^b f(x)\,\mathrm{d}x=\lim\limits_{\lambda\to0}\sum\limits_{i=1}^{n}f(\xi_i)\Delta x_i$$

其中,符号 $\int$ 称为积分符号,$f(x)$ 称为被积函数,$f(x)\mathrm{d}x$ 称为被积表达式,x 称为积分变量,a 和 b 分别称为积分下限和积分上限,$[a,b]$ 称为积分区间.

根据定积分的定义,引例 1 中曲边梯形的面积 A 与引例 2 中变速直线运动的路程 s 可分别表示为

$$A=\lim\limits_{\lambda\to0}\sum\limits_{i=1}^{n}f(\xi_i)\Delta x_i=\int_a^b f(x)\,\mathrm{d}x$$

$$s=\lim\limits_{\lambda\to0}\sum\limits_{i=1}^{n}v(\tau_i)\Delta t_i=\int_{T_1}^{T_2}v(t)\,\mathrm{d}t$$

关于定积分的几点说明:

(1)定积分的存在性:当 $f(x)$ 在 $[a,b]$ 上连续或只有有限个第一类间断点时,$f(x)$ 在区间 $[a,b]$ 上的定积分存在,或称 $f(x)$ 在区间 $[a,b]$ 上可积.

(2)定积分只要存在,定积分就是一个常数,其值只取决于被积函数与积分区间,而与积分变量采用什么字母无关,即 $\int_a^b f(x)\mathrm{d}x=\int_a^b f(t)\mathrm{d}t=\int_a^b f(u)\mathrm{d}u$.

(3)两个补充规定:

当积分上、下限相等时,定积分的值为零,即 $\int_a^a f(x)\mathrm{d}x=0$;

当交换积分上、下限位置时,定积分的值改变符号,即 $\int_a^b f(x)\mathrm{d}x=-\int_b^a f(x)\mathrm{d}x$.

定积分计算

有了上述两个补充规定,定积分的积分上、下限的大小就可以是任意的情形.

利用定积分的定义计算定积分,步骤是很复杂的,具体内容参见二维码内容.

8.1.2 定积分的几何意义

由引例 1 可见,定积分表示了曲边梯形的面积,一般情况有:

(1)当 $f(x) \geq 0$ 时,图形位于 x 轴上方,如图 8.2(a)所示,积分值为正,此时定积分表示由 $y=f(x)$ 与 $x=a,x=b(a<b)$ 及 x 轴所围成的曲边梯形的面积,即 $\int_a^b f(x)\mathrm{d}x = A$.

(2)当 $f(x) \leq 0$ 时,图形位于 x 轴下方,如图 8.2(b)所示,积分值为负,此时定积分表示由 $y=f(x)$ 与 $x=a,x=b(a<b)$ 及 x 轴所围成的曲边梯形的面积的相反数,即 $\int_a^b f(x)\mathrm{d}x = -A$.

(3)当 $f(x)$ 在 $[a,b]$ 上有正有负时,图形一部分在 x 轴上方,一部分在 x 轴下方,定积分表示由 $y=f(x)$ 与 $x=a,x=b$ 及 x 轴所围成的平面区域面积的代数和. 其中,x 轴上方部分为正,下方部分为负. 例如在图 8.2(c)中,有 $\int_a^b f(x)\mathrm{d}x = A_1 - A_2 + A_3$.

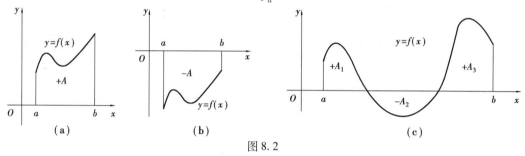

图 8.2

【例 8.1】 用定积分的几何意义求下列定积分.

(1) $\int_0^a \sqrt{a^2-x^2}\,\mathrm{d}x$ (2) $\int_0^{2\pi} \sin x\,\mathrm{d}x$ (3) $\int_{-1}^1 x^3\,\mathrm{d}x$

【解】 由定积分的几何意义可得:

(1) $\int_0^a \sqrt{a^2-x^2}\,\mathrm{d}x = A_{扇形} = \dfrac{1}{4}\pi a^2$ [图 8.3(a)]

(2) $\int_0^{2\pi} \sin x\,\mathrm{d}x = A_1 - A_2 = 0$ [图 8.3(b)]

(3) $\int_{-1}^1 x^3\,\mathrm{d}x = A_1 - A_2 = 0$ [图 8.3(c)]

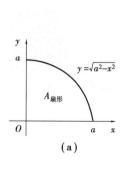 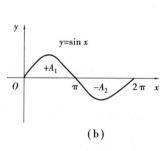 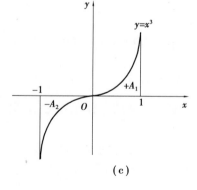

图 8.3

8.1.3　定积分的性质

在下列性质中,假设函数$f(x),g(x)$的定积分都存在.

性质 1　两个函数和与差的定积分等于定积分的和与差,即

$$\int_a^b [f(x) \pm g(x)]\, \mathrm{d}x = \int_a^b f(x)\mathrm{d}x \pm \int_a^b g(x)\mathrm{d}x$$

性质 2　被积函数的常数因子可以提到积分号之外,即

$$\int_a^b kf(x)\mathrm{d}x = k\int_a^b f(x)\mathrm{d}x$$

综合上面两个性质可以得出定积分的线性运算法则:

$$\int_a^b [k_1 f(x) + k_2 g(x)]\, \mathrm{d}x = k_1\int_a^b f(x)\mathrm{d}x + k_2\int_a^b g(x)\mathrm{d}x \quad (其中 k_1, k_2 为任意常数)$$

上述法则还可推广到有限多个函数的线性运算,即

$$\int_a^b [k_1 f(x) + k_2 f_2(x) + \cdots + k_n f_n(x)]\, \mathrm{d}x$$

$$= k_1\int_a^b f_1(x)\mathrm{d}x + k_2\int_a^b f_2(x)\mathrm{d}x + \cdots + k_n\int_a^b f_n(x)\mathrm{d}x$$

$$(其中 k_1, k_2, \cdots, k_n 为任意常数)$$

性质 3　若在区间$[a,b]$上$f(x)$恒等于 1,则

$$\int_a^b f(x)\mathrm{d}x = b - a \quad 即 \quad \int_a^b \mathrm{d}x = b - a$$

如图 8.4 由定积分的几何意义,有

$$\int_a^b f(x)\mathrm{d}x = \int_a^b \mathrm{d}x = A_{矩形} = b - a$$

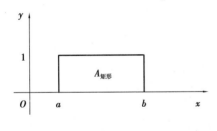
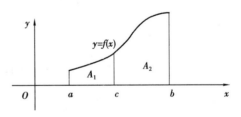

图 8.4　　　　　　　　　　　图 8.5

性质 4(可加性)　若$a<c<b$,则

$$\int_a^b f(x)\mathrm{d}x = \int_a^c f(x)\mathrm{d}x + \int_c^b f(x)\mathrm{d}x$$

如图 8.5 所示,由定积分的几何意义有

$$\int_a^b f(x)\mathrm{d}x = A_{曲梯} = A_1 + A_2 = \int_a^c f(x)\mathrm{d}x + \int_c^b f(x)\mathrm{d}x$$

定积分的可加性也可推广到区间$[a,b]$内具有多个分点的情形,以及分点c在区间$[a,b]$之外的情形.a,b,c之间的大小关系可以是任意的.

性质 5（积分中值定理） 若函数 $f(x)$ 在闭区间 $[a,b]$ 上连续，则在区间 $[a,b]$ 上至少存在一点 ξ，使得

$$\int_a^b f(x)\mathrm{d}x = f(\xi)(b-a) \quad \text{或} \quad \frac{1}{b-a}\int_a^b f(x)\mathrm{d}x = f(\xi) \quad (a \leqslant \xi \leqslant b)$$

成立.

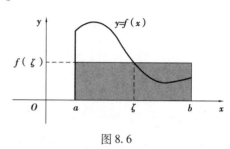

积分中值定理的几何解释：若函数 $f(x)$ 在闭区间 $[a,b]$ 上连续，则在区间 $[a,b]$ 上至少存在一点 ξ，使得以区间 $[a,b]$ 为底，高为 $y=f(x)$ 的曲边梯形的面积等于同一底边且高为 $f(\xi)$ 的矩形面积，如图 8.6 所示.

图 8.6

因此 $f(\xi)$ 可视为上述曲边梯形的平均高，称数值

$$\bar{y} = f(\xi) = \frac{1}{b-a}\int_a^b f(x)\mathrm{d}x \quad (a \leqslant \xi \leqslant b)$$

为连续函数 $y=f(x)$ 在区间 $[a,b]$ 上的平均值.

【例 8.2】 求函数 $y=f(x)=2x$ 在区间 $[0,1]$ 上的平均值 $\bar{y}$ 及取平均值的点.

【解】 由定积分的几何意义，得

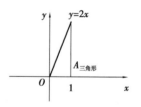

$$\int_0^1 2x\mathrm{d}x = A_{三角形} = 1 \quad （图 8.7）$$

因此函数 $y=2x$ 在区间 $[0,1]$ 上的平均值为

图 8.7

$$\bar{y} = \frac{1}{1-0}\int_0^1 2x\mathrm{d}x = 1$$

令 $f(x)=2x=1$，则 $x=\dfrac{1}{2}$，即函数在点 $x=\dfrac{1}{2}$ 处的值恰等于它在区间 $[0,1]$ 上的平均值.

性质 6（定积分的单调性） 若在区间 $[a,b]$ 上有 $f(x) \leqslant g(x)$，则有

$$\int_a^b f(x)\mathrm{d}x \leqslant \int_a^b g(x)\mathrm{d}x$$

推论 1（定积分的保号性） 若在区间 $[a,b]$ 上 $f(x) \geqslant 0$，则有

$$\int_a^b f(x)\mathrm{d}x \geqslant 0 \, (a < b)$$

推论 2

$$\left| \int_a^b f(x)\mathrm{d}x \right| \leqslant \int_a^b |f(x)|\mathrm{d}x \quad (a < b)$$

性质 7（定积分的有界性） 设函数 $f(x)$ 在闭区间 $[a,b]$ 上的最大值与最小值分别是 M 和 m，则有

$$m(b-a) \leqslant \int_a^b f(x)\mathrm{d}x \leqslant M(b-a)$$

定积分的
有界性

数学文化

定积分的发展史

定积分的概念起源于求平面图形的面积和其他一些实际问题.古希腊人在丈量形状不规则的土地的面积时,先尽可能地用规则图形,如矩形和三角形,把丈量的土地分割成若干小块,忽略那些零碎的不规则的小块,计算出每一小块规则图形的面积,然后将它们相加,就得到了土地面积的近似值.阿基米德在公元前240年左右,就曾用这个方法计算过抛物线弓形及其他图形的面积.这就是分割与逼近思想的萌芽.

我国古代数学家祖冲之的儿子在公元六世纪前后提出了祖恒原理,公元263年我国刘徽也提出了割圆术,这些是我国数学家用定积分思想计算体积的典范.

而到了文艺复兴之后,人类需要进一步认识和征服自然,在确立"日心说"和探索宇宙的过程中,积分的产生成为必然.

开普勒三大定律中有关行星扫过面积的计算,牛顿有关天体之间的引力的计算直至万有引力定律的诞生,更加直接地推动了积分学核心思想的产生.

在那个年代,数学家们已经建立了定积分的概念,并能够计算许多简单函数的积分.但是,有关定积分的种种结果还是孤立零散的,直到牛顿、莱布尼茨之后的200年,严格的现代积分学理论才逐步诞生.

严格的积分定义是柯西提出的,但是柯西对于积分的定义仅限于连续函数.1854年,黎曼指出了可积函数不一定是连续的或者其分段是连续的,从而推广了积分学,而现代教科书中有关定积分的定义是由黎曼给出的,人们都称之为黎曼积分.当然,我们现在所学到的积分学则是由勒贝格等人更进一步建立的现代积分理论.

定积分既是一个基本概念,又是一种基本思想.定积分的思想即"化整为零→近似代替→积零为整→取极限".定积分这种"和的极限"的思想,在高等数学、物理、工程技术和其他知识领域以及在人们的生产实践活动中具有普遍的意义,很多问题的数学结构与定积分中求"和的极限"的数学结构是一样的.可以说,定积分最重要的功能是为我们研究某些问题提供一种思想方法(或思维模式),即用无限的过程处理有限的问题,用离散的过程逼近连续,以直代曲,局部线性化等.定积分的概念及微积分基本公式,是数学史上甚至科学思想史上的重要创举.

习题 8.1

1. 利用定积分的几何意义计算下列定积分.

(1) $\int_{-2}^{2} x \mathrm{d}x$ 　　　　(2) $\int_{0}^{\pi} \cos x \mathrm{d}x$ 　　　　(3) $\int_{-2}^{2} \sqrt{4 - x^2} \mathrm{d}x$

2. 求函数 $y=f(x)=\sqrt{4-x^2}$ 在区间 $[0,2]$ 上的平均值.

8.2 微积分基本定理

积分学主要解决两个问题:一是原函数的计算问题,在不定积分中已经对此作了详尽的讨论;二是定积分的计算问题. 一般来讲,直接用定积分的定义或定积分的几何意义计算定积分都是非常困难的,甚至是根本不可行的. 第二个问题在数学历史上有很长一段时期几乎被人们遗忘,直到微积分基本定理建立了定积分与不定积分之间的联系后,定积分的计算问题才得到彻底解决. 微积分基本定理奠定了近代数学发展的基础.

在引例2中求变速直线运动的路程时,如果物体的运动速度为 $v(t)$,那么物体在时间间隔 $[T_1,T_2]$ 内所行走的路程为 $s=\int_{T_1}^{T_2}v(t)\mathrm{d}t$,另一方面又有 $s=s(T_2)-s(T_1)$,故

$$\int_{T_1}^{T_2}v(t)\mathrm{d}t = s(T_2) - s(T_1)$$

又由于 $v(t)=s'(t)$,故路程 $s(t)$ 是速度 $v(t)$ 的原函数,上式表明速度 $v(t)$ 在时间区间 $[T_1,T_2]$ 上的定积分是其原函数即路程函数 $s(t)$ 在该区间上的增量.

抽去问题的实际意义,这就表明了连续函数在闭区间上的定积分等于它的任一原函数在积分区间上的增量.

定理 8.1(微积分基本定理)　设函数 $f(x)$ 在区间 $[a,b]$ 上连续,$F(x)$ 是 $f(x)$ 在 $[a,b]$ 区间上的任一原函数,则有公式

$$\int_a^b f(x)\mathrm{d}x = F(b) - F(a)$$

该公式称为微积分基本公式,也称为牛顿-莱布尼茨公式.

变上限的积分函数

微积分基本公式的证明

关于微积分基本公式的理论及推导,参见二维码内容.

牛顿-莱布尼茨公式通过原函数揭示了定积分与不定积分的内在关系,同时也使得定积分的计算更加简便.

使用牛顿-莱布尼茨公式计算定积分时,其常用书写格式为:

$$\int_a^b f(x)\mathrm{d}x = F(x)\Big|_a^b = F(b) - F(a)$$

或

$$\int_a^b f(x)\mathrm{d}x = \Big[F(x)\Big]_a^b = F(b) - F(a)$$

例如　$\int_0^\pi \sin x\,\mathrm{d}x = -\cos x\big|_0^\pi = -\cos\pi + \cos 0 = 2$

$\int_0^1 2^x\mathrm{d}x = \dfrac{2^x}{\ln 2}\Big|_0^1 = \dfrac{2-1}{\ln 2} = \dfrac{1}{\ln 2}$

8.3　定积分的计算

8.3.1　直接积分法

应用牛顿-莱布尼茨公式来计算定积分,这种方法大大简化了定积分的计算. 直接积分法是先利用不定积分公式和积分性质直接求出被积函数的原函数,再代入积分限求出原函数在积分区间上的增量,简称代限求差,即若 $\int f(x)\,\mathrm{d}x = F(x) + C$,则

$$\int_a^b f(x)\,\mathrm{d}x = F(x)\,\big|_a^b = F(b) - F(a)$$

因此,不定积分的基本积分公式和积分方法就都可以用到定积分的计算中来,从而彻底解决了定积分的计算问题.

【例 8.3】　利用直接积分法求下列定积分.

(1) $\int_0^1 (x^6 + \mathrm{e}^x + 1)\,\mathrm{d}x$ 　　　　　(2) $\int_1^2 \left(x - \dfrac{1}{x}\right)^2 \mathrm{d}x$

(3) $\int_0^5 |1 - x|\,\mathrm{d}x$ 　　　　　(4) $\int_{-1}^1 f(x)\,\mathrm{d}x$,其中 $f(x) = \begin{cases} x^2 + 1 & 0 \leqslant x \leqslant 2 \\ x + 1 & -1 \leqslant x \leqslant 0 \end{cases}$

【解】　(1) $\int_0^1 (x^6 + \mathrm{e}^x + 1)\,\mathrm{d}x = \left(\dfrac{x^7}{7} + \mathrm{e}^x + x\right)\,\bigg|_0^1 = \dfrac{1}{7} + \mathrm{e}$

(2) $\int_1^2 \left(x - \dfrac{1}{x}\right)^2 \mathrm{d}x = \int_1^2 \left(x^2 - 2 + \dfrac{1}{x^2}\right)\mathrm{d}x$

$$= \left(\dfrac{1}{3}x^3 - 2x - \dfrac{1}{x}\right)\,\bigg|_1^2 = \dfrac{5}{6}$$

(3) $\int_0^5 |1 - x|\,\mathrm{d}x = \int_0^1 (1 - x)\,\mathrm{d}x + \int_1^5 (x - 1)\,\mathrm{d}x$

$$= \left(x - \dfrac{1}{2}x^2\right)\,\bigg|_0^1 + \left(\dfrac{1}{2}x^2 - x\right)\,\bigg|_1^5$$

$$= \dfrac{1}{2} + \dfrac{25}{2} - 5 + \dfrac{1}{2} = \dfrac{17}{2}$$

(4) $\int_{-1}^1 f(x)\,\mathrm{d}x = \int_{-1}^0 (x + 1)\,\mathrm{d}x + \int_0^1 (x^2 + 1)\,\mathrm{d}x$

$$= \left(\dfrac{1}{2}x^2 + x\right)\,\bigg|_{-1}^0 + \left(\dfrac{1}{3}x^3 + x\right)\,\bigg|_0^1 = \dfrac{11}{6}$$

注意

例（3）中，若不分区间积分就容易出现如下错误：

$$\int_0^5 (1 - x)\,\mathrm{d}x = \left(x - \frac{x^2}{2}\right)\Bigg|_0^5 = -\frac{15}{2}$$

通过上述例题求解可以看出：求分段函数和含绝对值函数的定积分，重点是分析积分区间上函数的表达形式，利用定积分积分区间的可加性分段积分. 这种类型的积分在不定积分的计算中没出现过，这充分体现出定积分计算的特点以及与不定积分的区别.

8.3.2 定积分的换元积分法

牛顿-莱布尼茨公式给出了计算定积分的直接积分法，只要能求出被积函数的任一原函数，将该原函数代入积分区间上下限求差即可. 因此，不定积分的计算法全都可用于定积分的计算，为了进一步简化运算，下面再介绍定积分的换元积分法和分部积分法.

与不定积分类似，定积分也有两种类型的换元积分法，即第一类换元积分法（凑微分法）和第二类换元积分法，现分述如下：

1）定积分的第一类换元积分法（凑微分法）

定积分的第一类换元积分法在积分方法上与不定积分类似，仍是先利用凑微分积出原函数，再利用牛顿-莱布尼茨公式代限求差.

【例 8.4】 用第一类换元积分法求下列定积分.

(1) $\int_0^{\frac{\pi}{2}} \sin x \cos^4 x\,\mathrm{d}x$ (2) $\int_0^1 t\mathrm{e}^{-\frac{t^2}{2}}\,\mathrm{d}t$

(3) $\int_1^e \frac{1}{x(1 + \ln^2 x)}\,\mathrm{d}x$ (4) $\int_0^1 \frac{\mathrm{e}^x}{3\mathrm{e}^x - 2}\,\mathrm{d}x$

【解】 (1) $\int_0^{\frac{\pi}{2}} \sin x \cos^4 x\,\mathrm{d}x = -\int_0^{\frac{\pi}{2}} \cos^4 x\,\mathrm{d}\cos x = -\frac{1}{5}\cos^5 x\Bigg|_0^{\frac{\pi}{2}} = \frac{1}{5}$

(2) $\int_0^1 t\mathrm{e}^{-\frac{t^2}{2}}\,\mathrm{d}t = -\int_0^1 \mathrm{e}^{-\frac{t^2}{2}}\,\mathrm{d}\left(-\frac{t^2}{2}\right) = -\mathrm{e}^{-\frac{t^2}{2}}\Bigg|_0^1 = 1 - \frac{1}{\sqrt{\mathrm{e}}}$

(3) $\int_1^e \frac{1}{x(1 + \ln^2 x)}\,\mathrm{d}x = \int_1^e \frac{1}{(1 + \ln^2 x)}\frac{1}{x}\,\mathrm{d}x = \int_1^e \frac{1}{(1 + \ln^2 x)}\,\mathrm{d}(\ln x)$

$$= \arctan(\ln x)\Big|_1^e = \arctan 1 - \arctan 0 = \frac{\pi}{4}$$

(4) $\int_0^1 \frac{\mathrm{e}^x}{3\mathrm{e}^x - 2}\,\mathrm{d}x = \frac{1}{3}\int_0^1 \frac{1}{3\mathrm{e}^x - 2}\,\mathrm{d}(3\mathrm{e}^x - 2) = \frac{1}{3}\ln(3\mathrm{e}^x - 2)\Bigg|_0^1 = \frac{1}{3}\ln(3\mathrm{e} - 2)$

2）定积分的第二类换元积分法

定理 8.2 设 $f(x)$ 在 $[a, b]$ 上连续，且 $x = \varphi(t)$ 满足下列条件：

（1）$x = \varphi(t)$ 在 $[\alpha, \beta]$ 上有连续导数；

（2）$a = \varphi(\alpha), b = \varphi(\beta)$ 且当 t 在 $[\alpha, \beta]$ 上变化时，$x = \varphi(t)$ 的值在 $[a, b]$ 上变化.

则有

$$\int_a^b f(x)\,\mathrm{d}x = \int_\alpha^\beta f\left[\varphi(t)\right]\varphi'(t)\,\mathrm{d}t$$

注　意

换元公式中即使有 $a < b$ 也不一定有 $\alpha < \beta$，需要注意的是上、下限的对应，此处 β 对应上限 b，α 对应下限 a.

与不定积分类似，定积分的换元法主要用于被积函数含有根式的积分，思考理念是选择的换元函数要能够消去根式. 其基本步骤如下：

（1）换元：令 $x = \varphi(t)$，则 $\mathrm{d}x = \varphi'(t)\,\mathrm{d}t$；

（2）换限：当 $x = a$ 时，$t = \alpha$；当 $x = b$ 时，$t = \beta$；

（3）代入换元公式 $\int_a^b f(x)\,\mathrm{d}x = \int_\alpha^\beta f[\varphi(t)]\varphi'(t)\,\mathrm{d}t$，再计算定积分.

上述步骤简述为：换元换限再积分.

【例 8.5】　用第二类换元积分法求下列定积分.

$$(1)\ \int_0^4 \frac{\sqrt{x}}{2 + \sqrt{x}}\,\mathrm{d}x \qquad (2)\ \int_{-2}^1 \frac{x + 2}{\sqrt{x + 3}}\,\mathrm{d}x \qquad (3)\ \int_0^{\ln 2} \frac{1}{\sqrt{\mathrm{e}^x - 1}}\,\mathrm{d}x$$

【解】　（1）令 $\sqrt{x} = t$，则 $x = t^2$ 且 $\mathrm{d}x = 2t\,\mathrm{d}t$.

换积分限：当 $x = 0$ 时 $t = 0$，$x = 4$ 时 $t = 2$. 故

$$\int_0^4 \frac{\sqrt{x}}{2 + \sqrt{x}}\,\mathrm{d}x = \int_0^2 \frac{t}{2 + t} \cdot 2t\,\mathrm{d}t = 2\int_0^2 \left(t - 2 + \frac{4}{2 + t}\right)\mathrm{d}t$$

$$= 2\left(\frac{1}{2}t^2 - 2t + 4\ln|2 + t|\right)\Bigg|_0^2 = 8\ln 2 - 4$$

（2）令 $\sqrt{x + 3} = t$，则 $x = t^2 - 3$ 且 $\mathrm{d}x = 2t\,\mathrm{d}t$.

换积分限：当 $x = -2$ 时，$t = 1$，当 $x = 1$ 时，$t = 2$. 故

$$\int_{-2}^1 \frac{x + 2}{\sqrt{x + 3}}\,\mathrm{d}x = \int_1^2 \frac{t^2 - 3 + 2}{t} \cdot 2t\,\mathrm{d}t = 2\int_1^2 (t^2 - 1)\,\mathrm{d}t = 2\left(\frac{1}{3}t^3 - t\right)\Bigg|_1^2 = \frac{8}{3}$$

（3）令 $\sqrt{\mathrm{e}^x - 1} = t$，则 $\mathrm{e}^x = 1 + t^2$，即 $x = \ln(1 + t^2)$，于是 $\mathrm{d}x = \frac{2t}{1 + t^2}\,\mathrm{d}t$.

换积分限：当 $x = 0$ 时，$t = 0$，当 $x = \ln 2$ 时，$t = 1$. 故

$$\int_0^{\ln 2} \frac{1}{\sqrt{\mathrm{e}^x - 1}}\,\mathrm{d}x = \int_0^1 \frac{1}{t} \cdot \frac{2t}{1 + t^2}\,\mathrm{d}t = \int_0^1 \frac{2}{1 + t^2}\,\mathrm{d}t = 2\arctan t\,\big|_0^1 = \frac{\pi}{2}$$

注　意

定积分换元必须换限，与不定积分相比较，定积分换元换限后不需要回代.

【例8.6】　计算定积分 $\int_1^e \dfrac{1}{x\sqrt{1+3\ln x}}\mathrm{d}x$.

【解】　方法1：

$$\int_1^e \frac{1}{x\sqrt{1+3\ln x}}\mathrm{d}x = \int_1^e \frac{1}{\sqrt{1+3\ln x}}\mathrm{d}\ln x$$

$$= \frac{1}{3}\int_1^e \frac{1}{\sqrt{1+3\ln x}}\mathrm{d}(1+3\ln x)$$

$$= \frac{2}{3}\sqrt{1+3\ln x}\,\Big|_1^e = \frac{2}{3}$$

方法2：令 $t=1+3\ln x$，则 $\mathrm{d}t=\dfrac{3}{x}\mathrm{d}x$，且当 $x=1$ 时 $t=1$，又当 $x=e$ 时 $t=4$，故

$$\int_1^e \frac{1}{x\sqrt{1+3\ln x}}\mathrm{d}x = \frac{1}{3}\int_1^e \frac{1}{\sqrt{1+3\ln x}}\cdot\frac{3}{x}\mathrm{d}x = \frac{1}{3}\int_1^4 \frac{1}{\sqrt{t}}\cdot\mathrm{d}t = \frac{2}{3}\sqrt{t}\,\Big|_1^4 = \frac{2}{3}$$

由于定积分的第一类换元积分法常以凑微分形式出现，所以在定积分中凑微分虽然使积分元有改变，但因没有换元过程，因而也就不需要换限（如例8.6中方法1）；当然如果有换元过程，计算定积分时也必须换限（如例8.6中方法2）. 鉴于此，定积分的换元法通常是指第二类换元积分法，以后我们说的定积分的换元积分法一般是指第二类换元积分法.

定积分的换元积分法除常见的根式代换外，也有一些其他代换，如三角代换、负代换等，这里仅举负代换的例子供参考. 三角代换的例子，参见二维码内容.

三角代换
计算定积分

【例8.7】　设 $f(x)$ 在对称区间 $[-a,a]$ 上连续，试证明：

$$\int_{-a}^a f(x)\,\mathrm{d}x = \begin{cases} 2\displaystyle\int_0^a f(x)\,\mathrm{d}x & f(x) \text{ 为偶函数} \\ 0 & f(x) \text{ 为奇函数} \end{cases}$$

【证明】　因为

$$\int_{-a}^a f(x)\,\mathrm{d}x = \int_{-a}^0 f(x)\,\mathrm{d}x + \int_0^a f(x)\,\mathrm{d}x$$

$$\int_{-a}^0 f(x)\,\mathrm{d}x \xlongequal{\text{令}x=-t} \int_a^0 f(-t)(-\mathrm{d}t) = \int_0^a f(-x)\,\mathrm{d}x$$

所以

$$\int_{-a}^a f(x)\,\mathrm{d}x = \int_0^a f(-x)\,\mathrm{d}x + \int_0^a f(x)\,\mathrm{d}x = \int_0^a [f(-x)+f(x)]\,\mathrm{d}x$$

当 $f(x)$ 是偶函数即 $f(-x)=f(x)$ 时，有

$$\int_{-a}^{a} f(x)\,\mathrm{d}x = 2\int_{0}^{a} f(x)\,\mathrm{d}x$$

当 $f(x)$ 是奇函数即 $f(-x)=-f(x)$ 时，有

$$\int_{-a}^{a} f(x)\,\mathrm{d}x = 0$$

故

$$\int_{-a}^{a} f(x)\,\mathrm{d}x = \begin{cases} 2\displaystyle\int_{0}^{a} f(x)\,\mathrm{d}x & f(x)\ \text{为偶函数} \\[2mm] 0 & f(x)\ \text{为奇函数} \end{cases}$$

本题结论可作为公式应用，该公式称为具有奇偶性的函数在对称区间上的积分公式. 其几何意义如图 8.8 所示. 图 8.8（a）为偶函数示意图，图 8.8（b）为奇函数示意图.

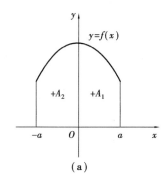 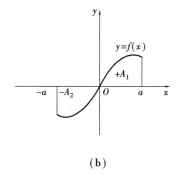

图 8.8

【例 8.8】　求下列定积分.

（1）$\displaystyle\int_{-\frac{\pi}{2}}^{\frac{\pi}{2}} \sqrt{\cos x - \cos^3 x}\,\mathrm{d}x$
（2）$\displaystyle\int_{-1}^{1} x^4 \sin x\,\mathrm{d}x$

【解】　（1）因为被积函数 $f(x)=\sqrt{\cos x - \cos^3 x}$ 是连续偶函数，所以

$$\int_{-\frac{\pi}{2}}^{\frac{\pi}{2}} \sqrt{\cos x - \cos^3 x}\,\mathrm{d}x = 2\int_{0}^{\frac{\pi}{2}} \sqrt{\cos x(1-\cos^2 x)}\,\mathrm{d}x$$

$$= 2\int_{0}^{\frac{\pi}{2}} \sqrt{\cos x}\,\sin x\,\mathrm{d}x$$

$$= -2\int_{0}^{\frac{\pi}{2}} \cos^{\frac{1}{2}}x\,\mathrm{d}\cos x$$

$$= -2\cdot\frac{2}{3}\cos^{\frac{3}{2}}x\,\Big|_{0}^{\frac{\pi}{2}} = \frac{4}{3}$$

（2）因为被积函数 $f(x)=x^4\sin x$ 是连续奇函数，所以 $\displaystyle\int_{-1}^{1} x^4\sin x\,\mathrm{d}x = 0$.

例 8.8 的计算如果不用例 8.7 给出的公式，则积分非常困难，并且在计算中容易出现错误. 如在例 8.8(1) 中容易出现如下错误：

$$\int_{-\frac{\pi}{2}}^{\frac{\pi}{2}} \sqrt{\cos x - \cos^3 x}\, dx = \int_{-\frac{\pi}{2}}^{\frac{\pi}{2}} \sqrt{\cos x}\, \sin x\, dx = -\int_{-\frac{\pi}{2}}^{\frac{\pi}{2}} \cos^{\frac{1}{2}} x\, d\cos x = -\frac{2}{3} \cos^{\frac{3}{2}} x \Big|_{-\frac{\pi}{2}}^{\frac{\pi}{2}} = 0$$

上述错误源于开方时未加绝对值，而加上绝对值后积分就要分区间分段积分了，这是比较麻烦的.

又如，例 8.8(2) 要经 3 次分部积分后才能积出原函数，这也是相当困难的.

可见，具有奇偶性的函数在对称区间上的积分公式的主要作用是简化定积分的计算.

【例 8.9】 求下列定积分.

(1) $\int_{-1}^{1} \dfrac{x\cos x}{\sqrt{4 - x^2}}\, dx$ (2) $\int_{-2}^{2} |x - 1|\, dx$ (3) $\int_{-1}^{1} (x^3 + |x|)\, dx$

【解】(1) 因为 $f(x) = \dfrac{x\cos x}{\sqrt{4 - x^2}}$ 是连续奇函数，所以 $\int_{-1}^{1} \dfrac{x\cos x}{\sqrt{4 - x^2}}\, dx = 0$.

(2) $\int_{-2}^{2} |x - 1|\, dx = \int_{-2}^{1} (1 - x)\, dx + \int_{1}^{2} (x - 1)\, dx = \left(x - \dfrac{1}{2} x^2 \right) \Big|_{-2}^{1} + \left(\dfrac{1}{2} x^2 - x \right) \Big|_{1}^{2} = 5$

(3) 因为 $y = x^3$ 是连续奇函数，$y = |x|$ 是连续偶函数，所以

$$\int_{-1}^{1} (x^3 + |x|)\, dx = \int_{-1}^{1} x^3\, dx + \int_{-1}^{1} |x|\, dx = 2\int_{0}^{1} x\, dx = x^2 \Big|_{0}^{1} = 1$$

例 8.9(2) 中被积函数是非奇非偶函数，不能用具有奇偶性的函数在对称区间上的积分公式，只能利用可加性分区间分段积分；例 8.9(3) 中被积函数虽然也是非奇非偶函数，但可将其分为一个奇函数与一个偶函数之和，因而仍可利用具有奇偶性的函数在对称区间上的积分公式. 在具体求解时要灵活处理.

8.3.3 定积分的分部积分法

与不定积分相对应，定积分的分部积分法由下列定理给出.

定理 8.3 设 $u = u(x)$，$v = v(x)$ 在 $[a, b]$ 上有连续导数，则有

$$\int_{a}^{b} uv'\, dx = uv \Big|_{a}^{b} - \int_{a}^{b} vu'\, dx \quad \text{或} \quad \int_{a}^{b} u\, dv = uv \Big|_{a}^{b} - \int_{a}^{b} v\, du$$

成立，该公式称为定积分的分部积分公式.

事实上,由两个函数积的求导法则

$$(uv)' = u'v + uv' \Rightarrow uv' = (uv)' - u'v$$

将上式两边积分 $\displaystyle\int_a^b uv' \mathrm{d}x = \int_a^b (uv)' \mathrm{d}x - \int_a^b u'v \mathrm{d}x = uv \big|_a^b - \int_a^b u'v \mathrm{d}x$

又由于 $v'\mathrm{d}x = \mathrm{d}v, u'\mathrm{d}x = \mathrm{d}u$,得

$$\int_a^b u\mathrm{d}v = uv \big|_a^b - \int_a^b v\mathrm{d}u$$

仍然称公式:$\displaystyle\int_a^b uv' \mathrm{d}x = uv \big|_a^b - \int_a^b vu' \mathrm{d}x$ 为导数型;

$$\int_a^b u\mathrm{d}v = uv \big|_a^b - \int_a^b v\mathrm{d}u \text{ 为微分型.}$$

定积分的分部积分法常用于两种不同类型函数乘积的积分,计算方法与不定积分类似,仍要注意正确选取 u 及 $\mathrm{d}v$,选取规律与不定积分一样,遵循"反对选作 u,三指凑 $\mathrm{d}v$"的规律. 此外还需要注意的是,在定积分的分部积分中,先把积出的部分代限求差,余下部分再继续积分,比完全积出原函数后再代限求差更简便.

【例 8.10】　求下列定积分.

(1) $\displaystyle\int_{-1}^1 x\mathrm{e}^{-x}\mathrm{d}x$ 　　　　　(2) $\displaystyle\int_2^3 \ln(x-1)\mathrm{d}x$

(3) $\displaystyle\int_0^{2\pi} x\cos^2 x\mathrm{d}x$ 　　　　(4) $\displaystyle\int_0^{\frac{\pi}{2}} \mathrm{e}^x \sin 2x\mathrm{d}x$

【解】　(1) $\displaystyle\int_{-1}^1 x\mathrm{e}^{-x}\mathrm{d}x = -\int_{-1}^1 x\mathrm{d}\mathrm{e}^{-x} = -\left(x\mathrm{e}^{-x}\big|_{-1}^1 - \int_{-1}^1 \mathrm{e}^{-x}\mathrm{d}x\right)$

$$= -(\mathrm{e}^{-1} + \mathrm{e} + \mathrm{e}^{-x}\big|_{-1}^1) = -2\mathrm{e}^{-1}$$

(2) $\displaystyle\int_2^3 \ln(x-1)\mathrm{d}x = x\ln(x-1)\big|_2^3 - \int_2^3 \frac{x}{x-1}\mathrm{d}x$

$$= 3\ln 2 - \int_2^3 \left(1 + \frac{1}{x-1}\right)\mathrm{d}x$$

$$= 3\ln 2 - [x + \ln|x-1|]\,_2^3 = 2\ln 2 - 1$$

(3) $\displaystyle\int_0^{2\pi} x\cos^2 x\mathrm{d}x = \int_0^{2\pi} x\cdot\frac{1+\cos 2x}{2}\mathrm{d}x$

$$= \frac{1}{2}\left[\int_0^{2\pi} x\mathrm{d}x + \frac{1}{2}\int_0^{2\pi} x\mathrm{d}\sin 2x\right]$$

$$= \frac{1}{4}x^2\Big|_0^{2\pi} + \frac{1}{4}\left[x\sin 2x + \frac{1}{2}\cos 2x\right]_0^{2\pi} = \pi^2$$

(4) $\displaystyle\int_0^{\frac{\pi}{2}} \mathrm{e}^x\sin 2x\mathrm{d}x = \int_0^{\frac{\pi}{2}} \sin 2x\mathrm{d}\mathrm{e}^x = \mathrm{e}^x\sin 2x\big|_0^{\frac{\pi}{2}} - 2\int_0^{\frac{\pi}{2}} \mathrm{e}^x\cos 2x\mathrm{d}x = -2\int_0^{\frac{\pi}{2}} \cos 2x\mathrm{d}\mathrm{e}^x$

$$= -2\left(\mathrm{e}^x\cos 2x\big|_0^{\frac{\pi}{2}} + 2\int_0^{\frac{\pi}{2}} \mathrm{e}^x\sin 2x\mathrm{d}x\right)$$

$$= 2\mathrm{e}^{\frac{\pi}{2}} + 2 - 4\int_0^{\frac{\pi}{2}} \mathrm{e}^x\sin 2x\mathrm{d}x$$

将右端定积分移项后，可解得

$$\int_0^{\frac{\pi}{2}} e^x \sin 2x \, dx = \frac{2}{5}(e^{\frac{\pi}{2}} + 1)$$

习题 8.3

1. 利用直接积分法求下列定积分.

(1) $\int_1^4 \sqrt{x}(\sqrt{x} - 1) \, dx$

(2) $\int_1^{\sqrt{3}} \frac{1 - x + x^2}{x + x^3} \, dx$

(3) $\int_{-1}^2 |x^2 - 1| \, dx$

(4) $\int_0^2 f(x) \, dx$，其中 $f(x) = \begin{cases} x - 1 & x \leqslant 1 \\ x^2 & x > 1 \end{cases}$

2. 利用第一类换元积分法（凑微分法）求下列积分.

(1) $\int_0^1 (2x - 1)^{10} \, dx$

(2) $\int_0^1 \frac{1}{5x + 2} \, dx$

(3) $\int_0^1 x e^{x^2} \, dx$

(4) $\int_1^e \frac{1}{x\sqrt{\ln x + 1}} \, dx$

(5) $\int_0^{\frac{\pi}{2}} \sin^2 x \cos x \, dx$

(6) $\int_0^1 \frac{e^x}{1 + e^x} \, dx$

3. 利用第二类换元积分法求下列积分.

(1) $\int_{-1}^1 \frac{x}{\sqrt{5 - 4x}} \, dx$

(2) $\int_0^4 \frac{\sqrt{x}}{\sqrt{x} + 1} \, dx$

(3) $\int_0^1 \frac{1}{\sqrt{x}(1 + \sqrt[3]{x})} \, dx$

(4) $\int_1^5 \frac{\sqrt{x - 1}}{x + 3} \, dx$

4. 利用函数的奇偶性求下列定积分.

(1) $\int_{-\pi}^{\pi} (x^3 \cos x + 1) \, dx$

(2) $\int_{-e}^e x \ln(1 + x^2) \, dx$

(3) $\int_{-1}^1 \frac{(\arctan x)^2}{1 + x^2} \, dx$

5. 用分部积分法求下列定积分.

(1) $\int_0^{\frac{\pi}{2}} x \cos x \, dx$

(2) $\int_0^2 t e^{-\frac{t}{2}} \, dt$

(3) $\int_1^4 \frac{\ln x}{\sqrt{x}} \, dx$

(4) $\int_0^{\frac{\pi}{2}} e^x \sin x \, dx$

(5) $\int_0^{\frac{1}{2}} \arcsin x \, dx$

(6) $\int_0^1 e^{\sqrt{x}} \, dx$

8.4 广义积分

定积分是以有限积分区间与有界函数为前提的，但在实际问题中往往需要突破这两个限制,这就要求我们把定积分概念从这两方面加以推广. 推广意义下的定积分称为广义积分,也称为反常积分. 相对于反常积分,定积分也叫常义积分.

本节仅将定积分的积分区间从有限区间推广为无穷区间,形成无穷区间上的广义积分,对于将被积分函数从有界函数推广为无界函数的广义积分的相关内容,可参考二维码内容.

8.4.1　无穷区间上广义积分的定义

引例　求由曲线 $y=\mathrm{e}^{-x}$ 与两坐标轴所围成的图形面积,如图 8.9(a)所示.

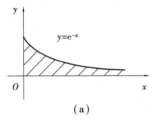　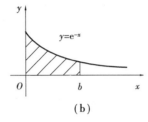

(a)　　　　　　　　　(b)

图 8.9

分析　如图 8.9(a)所示为一个不封闭的无界图形,因此不能直接求面积,可在 $[0,+\infty)$ 上任取 b 点作直线 $x=b$ 构成图 8.9(b)中阴影所示的曲边梯形,由定积分的几何意义可得该曲边梯形的面积为 $\int_0^b \mathrm{e}^{-x}\mathrm{d}x$. 当 b 点沿 x 轴正向无限延伸时,如果极限 $\lim\limits_{b\to+\infty}\int_0^b \mathrm{e}^{-x}\mathrm{d}x$ 存在,则该极限就为所求图形的面积,否则就认为该图形面积不可求,即

$$A_{\text{阴}} = \lim_{b\to+\infty}\int_0^b \mathrm{e}^{-x}\mathrm{d}x \xlongequal{\text{记}} \int_0^{+\infty}\mathrm{e}^{-x}\mathrm{d}x$$

定义 8.2　设 $f(x)$ 在 $[a,+\infty)$ 上连续,任取实数 $b(a<b<+\infty)$,若积分 $\int_a^b f(x)\mathrm{d}x$ 存在,则称极限 $\lim\limits_{b\to+\infty}\int_a^b f(x)\mathrm{d}x$ 为函数 $f(x)$ 在区间 $[a,+\infty)$ 上的广义积分,记作 $\int_a^{+\infty} f(x)\mathrm{d}x$, 即

$$\int_a^{+\infty} f(x)\mathrm{d}x = \lim_{b\to+\infty}\int_a^b f(x)\mathrm{d}x$$

若右端极限存在,称广义积分 $\int_a^{+\infty} f(x)\mathrm{d}x$ 收敛;否则称广义积分发散.

类似地,连续函数 $f(x)$ 在无穷区间 $(-\infty,b]$ 及 $(-\infty,+\infty)$ 上的广义积分可定义如下:

$$\int_{-\infty}^b f(x)\mathrm{d}x = \lim_{a\to-\infty}\int_a^b f(x)\mathrm{d}x \quad (-\infty<a<b)$$

$$\int_{-\infty}^{+\infty} f(x)\mathrm{d}x = \int_{-\infty}^c f(x)\mathrm{d}x + \int_c^{+\infty} f(x)\mathrm{d}x \quad (-\infty<c<+\infty)$$

此时,广义积分 $\int_{-\infty}^{+\infty} f(x)\mathrm{d}x$ 收敛的含义是:$\int_{-\infty}^c f(x)\mathrm{d}x$ 与 $\int_c^{+\infty} f(x)\mathrm{d}x$ 都收敛.

上述三种广义积分统称为无穷区间上的广义积分,简称为无穷积分.

有了无穷积分的定义,上述引例的计算过程可表述如下:

$$A_{阴} = \int_0^{+\infty} e^{-x} dx = \lim_{b \to +\infty} \int_0^b e^{-x} dx = \lim_{b \to +\infty} \left[-e^{-x} \right]_0^b = -(0-1) = 1$$

按照定义，可称广义积分 $\int_0^{+\infty} e^{-x} dx$ 收敛，或称其收敛于 1.

上述引例中的图 8.9(a)，按其形状通常称为开口曲边梯形，由此可见，在几何上收敛的广义积分就是一个开口曲边梯形的面积.

8.4.2　无穷区间上广义积分的计算

由上述引例的计算过程可见，广义积分就是定积分的极限，因此计算广义积分要先计算定积分再求极限. 但这样太烦琐，为方便起见，可省去极限符号，上述引例的计算过程可简化如下：

$$A_{阴} = \int_0^{+\infty} e^{-x} dx = \left[-e^{-x} \right]_0^{+\infty} = -\left(\lim_{x \to +\infty} e^{-x} - 1 \right) = -(0-1) = 1$$

引例的简化计算可看成是将牛顿-莱布尼茨公式的推广应用.

一般地，若 $F'(x) = f(x)$，则

$$\int_a^{+\infty} f(x) dx = F(x) \Big|_a^{+\infty} = \lim_{x \to +\infty} F(x) - F(a)$$

$$\int_{-\infty}^b f(x) dx = F(x) \Big|_{-\infty}^b = F(b) - \lim_{x \to -\infty} F(x)$$

$$\int_{-\infty}^{+\infty} f(x) dx = F(x) \Big|_{-\infty}^{+\infty} = \lim_{x \to +\infty} F(x) - \lim_{x \to -\infty} F(x)$$

【例 8.11】　求下列无穷积分.

(1) $\displaystyle\int_a^{+\infty} \frac{1}{x \ln^2 x} dx \quad (a > 1)$ 　　　　　(2) $\displaystyle\int_{-\infty}^{+\infty} \frac{1}{5 + 4x + 4x^2} dx$

(3) $\displaystyle\int_1^{+\infty} \frac{1}{\sqrt[3]{x^2}} dx$ 　　　　　　　　　　(4) $\displaystyle\int_{-\infty}^0 e^{-px} dx \quad (p < 0)$

【解】　(1) $\displaystyle\int_a^{+\infty} \frac{1}{x \ln^2 x} dx = \int_a^{+\infty} \frac{1}{\ln^2 x} d\ln x = -\frac{1}{\ln x} \Big|_a^{+\infty} = \frac{1}{\ln a}$

(2) $\displaystyle\int_{-\infty}^{+\infty} \frac{1}{5 + 4x + 4x^2} dx = \frac{1}{2} \int_{-\infty}^{+\infty} \frac{1}{2^2 + (2x+1)^2} d(2x+1)$

$$= \frac{1}{4} \int_{-\infty}^{+\infty} \frac{1}{1 + \left(\frac{2x+1}{2} \right)^2} d\left(\frac{2x+1}{2} \right)$$

$$= \frac{1}{4} \arctan \frac{2x+1}{2} \Big|_{-\infty}^{+\infty} = \frac{\pi}{4}$$

(3) $\displaystyle\int_1^{+\infty} \frac{1}{\sqrt[3]{x^2}} dx = 3\sqrt[3]{x} \Big|_1^{+\infty} = +\infty$ （发散）

(4) $\displaystyle\int_{-\infty}^0 e^{-px} dx = -\frac{1}{p} e^{-px} \Big|_{-\infty}^0 = -\frac{1}{p}(1 - 0) = -\frac{1}{p}$

【例 8.12】　讨论广义积分 $\int_a^{+\infty} \dfrac{1}{x^p}\mathrm{d}x\,(a>0)$ 的敛散性.

【解】　当 $p=1$ 时

$$\int_a^{+\infty}\frac{1}{x^p}\mathrm{d}x = \int_a^{+\infty}\frac{1}{x}\mathrm{d}x = \ln x\,\Big|_a^{+\infty} = +\infty$$

当 $p>1$,即 $1-p<0$ 时

$$\int_a^{+\infty}\frac{1}{x^p}\mathrm{d}x = \frac{1}{-p+1}x^{-p+1}\,\Big|_a^{+\infty} = 0 - \frac{1}{-p+1}a^{-p+1} = \frac{1}{(p-1)a^{p-1}}$$

当 $p<1$,即 $-p+1>0$ 时

$$\int_a^{+\infty}\frac{1}{x^p}\mathrm{d}x = \frac{1}{-p+1}x^{-p+1}\,\Big|_a^{+\infty} = +\infty$$

综上所述:当 $p>1$ 时,$\int_a^{+\infty}\dfrac{1}{x^p}\mathrm{d}x$ 收敛;当 $p\leq 1$ 时,$\int_a^{+\infty}\dfrac{1}{x^p}\mathrm{d}x$ 发散. 即

$$\int_a^{+\infty}\frac{1}{x^p}\mathrm{d}x = \begin{cases} \dfrac{1}{(p-1)a^{p-1}} & p>1\,(收敛) \\ +\infty & p\leq 1\,(发散) \end{cases}$$

上述积分称为 p-积分,是一个非常重要的积分,可以当作公式使用,例如

$$\int_2^{+\infty}\frac{1}{x^3}\mathrm{d}x = \frac{1}{(3-1)2^{3-1}} = \frac{1}{8}$$

习题 8.4

1. 求下列无穷区间上的广义积分.

$(1)\ \int_{-\infty}^0 \mathrm{e}^x\mathrm{d}x$　　　　　$(2)\ \int_{\frac{2}{\pi}}^{+\infty}\dfrac{1}{x^2}\sin\dfrac{1}{x}\mathrm{d}x$　　　　　$(3)\ \int_{-\infty}^{+\infty}\dfrac{1}{x^2+2x+2}\mathrm{d}x$

2. 讨论广义积分 $\int_2^{+\infty}\dfrac{1}{x\ln^k x}\mathrm{d}x$ 的敛散性.

第 9 章 定积分的应用

定积分的计算可归纳为两个步骤"分割取近似,求和取极限".因此,凡具有可加性的量都可用定积分计算.这里需要说明的是,所谓"可加性"是指分布在某区间上的所求量,当将该区间任意分割成若干子区间后,对应于每个子区间上的部分量相加求和仍等于整个区间上的全部所求量.这样的量在客观现实中是非常多的,例如几何上的面积、体积、曲线的弧长等,物理上的变速运动的路程、变力做功、液体的压力等,还有经济学上的收入、成本、利润等.因而定积分在实际问题、工程技术以及科学技术领域内都有广泛的应用.本章重点是定积分在几何上的应用.

设非均匀分布在区间$[a,b]$上的量 U 具有可加性,则所求量 U 的计算步骤如下:

(1)在区间$[a,b]$上任取一个微小子区间$[x,x+dx]$,并求出该微小子区间上所对应的部分量的近似值(称为微元)

$$dU = f(x)dx$$

(2)将微元 $dU=f(x)dx$ 在区间$[a,b]$上积分,即可得所求量 U,即

$$U = \int_a^b f(x)dx$$

这种方法称为定积分的微元法.

微元法步骤说明:步骤(1)中的微小子区间$[x,x+dx]$代表了将区间$[a,b]$任意分割后所任取的其中的一个子区间,微元 dU 就是所求量 U 分布在该微小子区间上的部分量的近似值,因此步骤(1)就是定积分定义中的"分割取近似";由于定积分定义中的"求和取极限"就是把分割后的所有微小子区间上的部分量的近似值累加求和再取极限而形成的定积分,因此微元法的步骤(2)将微元 $dU=f(x)dx$ 在区间$[a,b]$上积分,也就是"求和取极限",由微元法形成的定积分就是所求量 U 的精确值.

微元法是定积分应用的基本方法,具有广泛的实用价值.利用微元法不难推出平面图形的面积公式以及旋转体的体积公式.

9.1 平面图形的面积

9.1.1 X-型区域:$a \leqslant x \leqslant b, g(x) \leqslant y \leqslant f(x)$

图9.1 所示的平面图形即为 X-型区域,以 x 为积分变量,竖直矩形窄条的面积为微元,

根据微元法可得下列 X-型区域面积公式.

(1) $g(x) = 0$ 的特殊情况: 由曲线 $y=f(x)[f(x)\geqslant 0]$ 与直线 $x=a,x=b(a<b)$ 及 x 轴所围成的图形[图 9.1(a)]范围为: $a\leqslant x\leqslant b,0\leqslant y\leqslant f(x)$, 其面积公式为

$$A = \int_a^b f(x)\,\mathrm{d}x$$

(2) 由上、下两条曲线 $y=f(x),y=g(x)[f(x)\geqslant g(x)]$ 及直线 $x=a,x=b(a<b)$ 所围成的图形[图 9.1(b)]范围为: $a\leqslant x\leqslant b,g(x)\leqslant y\leqslant f(x)$, 其面积公式为

$$A = \int_a^b [f(x) - g(x)]\,\mathrm{d}x$$

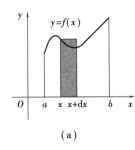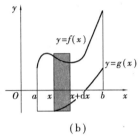

图 9.1

公式推导　在图 9.1(b)中, 以 x 为积分变量, 且 $x\in[a,b]$, 在 $[a,b]$ 上任取微小子区间 $[x,x+\mathrm{d}x]$, 并以该子区间上对应的竖直矩形窄条的面积为微元

$$\mathrm{d}A = [f(x) - g(x)]\,\mathrm{d}x$$

将该微元在区间 $[a,b]$ 上积分可得面积公式

$$A = \int_a^b \mathrm{d}A = \int_a^b [f(x) - g(x)]\,\mathrm{d}x$$

特别地, 当 $g(x)=0$ 时, 如图 9.1(a)所示, 则可得曲边梯形面积公式

$$A = \int_a^b f(x)\,\mathrm{d}x$$

9.1.2　Y-型区域: $c\leqslant y\leqslant d,\psi(y)\leqslant x\leqslant \varphi(y)$

图 9.2 所示的平面图形即为 Y-型区域, 以 y 为积分变量, 水平矩形窄条的面积为微元, 利用微元法可得下列 Y-型面积公式.

(1) $\psi(y)=0$ 的特殊情况: 由曲线 $x=\varphi(y)[\varphi(y)\geqslant 0]$ 与直线 $y=c,y=d(c<d)$ 及 y 轴所围成的图形[图 9.2(a)]范围为: $c\leqslant y\leqslant d,0\leqslant x\leqslant \varphi(y)$, 其面积公式为

$$A = \int_c^d \varphi(y)\,\mathrm{d}y$$

(2) 由左、右两条曲线 $x=\psi(y),x=\varphi(y)[\varphi(y)\geqslant \psi(y)]$ 及直线 $y=c,y=d(c<d)$ 所围成的图形[图 9.2(b)]范围为: $c\leqslant y\leqslant d,\psi(y)\leqslant x\leqslant \varphi(y)$, 其面积公式为

$$A = \int_c^d [\varphi(y) - \psi(y)]\,\mathrm{d}y$$

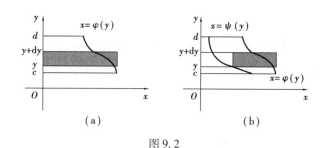

（a）　　　　　　　　（b）

图 9.2

9.1.3　应用举例

一般地，求平面图形面积的基本步骤如下：

（1）画图形求交点；

（2）确定区域类型及范围，从而确定积分变量，积分区间及被积函数；

（3）代入相应公式计算定积分.

【例 9.1】　求下列曲线所围成的图形面积.

（1）曲线 $y=x^2$ 与 $y=\sqrt{x}$ 　　　　　　　　（2）抛物线 $y^2=x$ 与直线 $y=x-2$

【解】　（1）如图 9.3（a）所示，图形是 X-型区域：$0 \leqslant x \leqslant 1$，$x^2 \leqslant y \leqslant \sqrt{x}$，以 x 为积分变量，代入 X-型公式得所求面积

$$A = \int_0^1 (\sqrt{x} - x^2)\,\mathrm{d}x = \left[\frac{2}{3}x^{\frac{3}{2}} - \frac{1}{3}x^3 \right]_0^1 = \frac{1}{3}$$

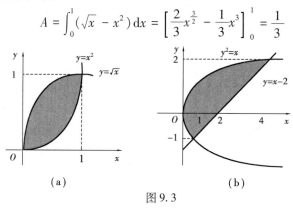

（a）　　　　　　　　（b）

图 9.3

（2）如图 9.3（b）所示，由 $\begin{cases} y^2=x \\ y=x-2 \end{cases}$ 解得交点 $(1,-1)$ 与 $(4,2)$，且图形是 Y-型区域：$-1 \leqslant y \leqslant 2$，$y^2 \leqslant x \leqslant y+2$，以 y 为积分变量，代入 Y-型公式得所求面积

$$A = \int_{-1}^2 \left[(y+2) - y^2 \right]\mathrm{d}y = \left(\frac{1}{2}y^2 + 2y - \frac{1}{3}y^3 \right)\Big|_{-1}^2 = \frac{9}{2}$$

注　意

例 9.1（1）的图形既是 X-型也是 Y-型，所以其面积也可用 Y-型公式计算；而例 9.1（2）的图形是 Y-型，非 X-型，若用 X-型公式计算面积就必须划分区域，计算较为复杂. 图形类型的确定非常重要，确定得好，计算较简便；否则，计算较复杂，甚至难以计算出结果. 此外，有些图形既非 X-型也非 Y-型，计算面积时则必须划分区域.

【例9.2】　求由曲线 $xy=4$ 与直线 $y=x,y=4x$ 所围成的图形面积(第Ⅰ象限部分).

【解】　如图9.4所示,图形按 X-型划分成两块区域: $\begin{cases}0\leqslant x\leqslant 1\\x\leqslant y\leqslant 4x\end{cases}$ 与 $\begin{cases}1\leqslant x\leqslant 2\\x\leqslant y\leqslant \dfrac{4}{x}\end{cases}$,

其面积分别记为 A_1,A_2,则所求面积为

$$A=A_1+A_2=\int_0^1(4x-x)\,\mathrm{d}x+\int_1^2\left(\frac{4}{x}-x\right)\mathrm{d}x$$
$$=\frac{3}{2}x^2\Big|_0^1+\left(4\ln x-\frac{1}{2}x^2\right)\Big|_1^2=4\ln 2$$

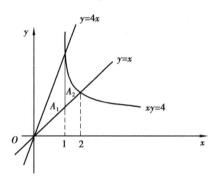

图9.4

用微元法求面积还可用于曲线为参数方程或极坐标下的方程的情形,具体内容参见二维码内容.

曲线为参数方程
或极坐标下方程
求面积方法

习题 9.1

求下列曲线所围成的图形面积.

(1)抛物线 $y^2=x$ 与直线 $y=x$ 　　　　(2)两条抛物线 $y=x^2,y=(x-2)^2$ 与 x 轴

(3)曲线 $y=x^3$ 与两直线 $y=1,x=0$ 　　(4)双曲线 $xy=1$ 与两直线 $y=x,x=2$

9.2　旋转体的体积

旋转体是指由一个平面图形绕该平面内一条直线旋转一周而形成的立体,这条直线称为旋转体的旋转轴.

如图9.5所示为由 X-型区域: $a\leqslant x\leqslant b,0\leqslant y\leqslant f(x)$ 绕 x 轴旋转一周而形成的旋转体,其体积可用微元法计算.

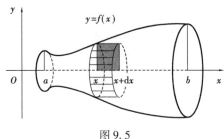

图 9.5

以 x 为积分变量，且 $x \in [a, b]$，任取微小子区间 $[x, x+\mathrm{d}x]$，其对应的竖直矩形窄条旋转一周而成的薄圆柱体为体积微元 $\mathrm{d}V = \pi f^2(x)\mathrm{d}x$，将该体积微元在区间 $[a, b]$ 上积分，可得旋转体体积公式

$$V_x = \pi \int_a^b f^2(x)\mathrm{d}x$$

公式可推广到一般的 X-型区域：$a \leqslant x \leqslant b$，$g(x) \leqslant y \leqslant f(x)$ 绕 x 轴旋转一周而成的旋转体的体积

$$V_x = \pi \int_a^b [f^2(x) - g^2(x)]\mathrm{d}x$$

类似地，由 Y-型区域：$c \leqslant y \leqslant d$，$0 \leqslant y \leqslant \varphi(y)$ 绕 y 轴旋转一周形成的旋转体体积公式为

$$V_y = \pi \int_c^d \varphi^2(y)\mathrm{d}y$$

同样，公式可推广到一般的 Y-型区域：$c \leqslant y \leqslant d$，$\psi(y) \leqslant x \leqslant \varphi(y)$ 绕 y 轴旋转一周形成的旋转体的体积计算公式为

$$V_y = \pi \int_c^d [\varphi^2(y) - \psi^2(y)]\mathrm{d}y$$

注意

上述给出的旋转体的体积计算公式，X-型区域必须绕 x 轴旋转，Y-型区域必须绕 y 轴旋转，在使用时务必重视.

【例 9.3】 求下列旋转体的体积.

(1) 由抛物线 $y = 1 - x^2$ 与 x 轴所围图形分别绕两坐标轴旋转而成的立体体积；

(2) 由椭圆 $\dfrac{x^2}{a^2} + \dfrac{y^2}{b^2} = 1$ 分别绕两坐标轴旋转而成的立体体积；

(3) 由抛物线 $y^2 = x$ 与直线 $y = x - 2$ 所围成的图形绕 x 轴旋转而成的立体体积.

【解】 (1) 图形关于 y 轴对称，其绕 x 轴旋转而成的立体体积 V_x 等于由图 9.6(a) 中第一象限部分绕 x 轴旋转而成的立体体积的 2 倍，由于第一、二象限两部分在旋转时是重合的，绕 y 轴旋转的立体体积 V_y 等于第一象限部分绕 y 轴旋转而成的立体体积，即

$$V_x = 2\pi \int_0^1 (1 - x^2)^2 \, dx = 2\pi \int_0^1 (1 - 2x^2 + x^4) \, dx$$

$$= 2\pi \left(x - \frac{2}{3}x^3 + \frac{1}{5}x^5 \right) \Big|_0^1 = \frac{16}{15}\pi$$

$$V_y = \pi \int_0^1 (1 - y) \, dy = \pi \left(y - \frac{1}{2}y^2 \right) \Big|_0^1 = \frac{\pi}{2}$$

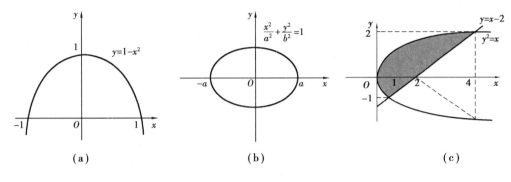

图 9.6

（2）椭圆旋转而成的立体是旋转椭球体，绕 x（或 y）轴旋转时上下两半（或左右两半）重合，又由对称性可知，绕 x（或 y）轴旋转而成的立体体积等于图 9.6（b）中第一象限部分绕 x（或 y）轴旋转而成的立体的 2 倍，即

$$V_x = 2\pi \int_0^a y^2 \, dx = 2\pi \int_0^a b^2 \left(1 - \frac{x^2}{a^2} \right) dx = 2\pi b^2 \left(x - \frac{x^3}{3a^2} \right) \Big|_0^a = \frac{4}{3}\pi a b^2$$

$$V_y = 2\pi \int_0^b x^2 \, dy = 2\pi \int_0^b a^2 \left(1 - \frac{y^2}{b^2} \right) dy = 2\pi a^2 \left(y - \frac{y^3}{3b^2} \right) \Big|_0^b = \frac{4}{3}\pi a^2 b$$

（3）如图 9.6（c）所示图形绕 x 轴旋转时因有重合部分（图中第四象限部分），所求旋转体体积 V_x 应看成由曲线（外曲线）$y^2 = x$ 第一象限部分旋转而成的立体体积与曲线（内曲线）$y = x - 2$ 旋转而成的立体体积的差，即

$$V_x = \pi \int_0^4 x \, dx - \pi \int_2^4 (x - 2)^2 \, dx$$

$$= \pi \frac{x^2}{2} \Big|_0^4 - \pi \frac{(x - 2)^3}{3} \Big|_2^4 = \frac{16}{3}\pi$$

此旋转体也可以看成由抛物线旋转成的旋转抛物体体积 $V_抛$ 与直线旋转成的圆锥体体积 $V_锥$ 之差，即

$$V_x = V_抛 - V_锥 = \pi \int_0^4 x \, dx - \frac{1}{3}\pi \cdot 2^2 \cdot 2 = \pi \frac{x^2}{2} \Big|_0^4 - \frac{8}{3}\pi = \frac{16}{3}\pi$$

注 意

　　求旋转体体积时，一定要观察旋转的过程中有无重合部分，重合部分不能重复计算，有时可利用对称性简化计算，有时甚至还需要适当划分区域将所求立体看成两立体之差或和的形式.

【例9.4】 求由双曲线 $xy=3$ 与直线 $y=4-x$ 所围成的图形面积及其分别绕 x 轴与 y 轴旋转一周所形成的立体体积.

【解】 由 $\begin{cases} xy=3 \\ y=4-x \end{cases}$ 得交点：$(1,3),(3,1)$，如图9.7所示图形既是 X-型区域也是 Y-型区域.

于是所求面积与体积分别为：

$$A = \int_1^3 \left(4 - x - \frac{3}{x}\right) dx = \left[4x - \frac{1}{2}x^2 - 3\ln x\right]_1^3 = 4 - 3\ln 3$$

$$V_x = \pi \int_1^3 \left[(4-x)^2 - \frac{9}{x^2}\right] dx = \pi \left[-\frac{1}{3}(4-x)^3 + \frac{9}{x}\right]_1^3 = \frac{8}{3}\pi$$

$$V_y = \pi \int_1^3 \left[(4-y)^2 - \frac{9}{y^2}\right] dy = \pi \left[-\frac{1}{3}(4-y)^3 + \frac{9}{y}\right]_1^3 = \frac{8}{3}\pi$$

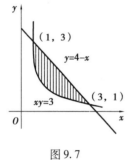

图9.7

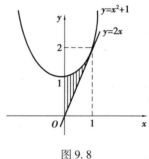

图9.8

【例9.5】 求由抛物线 $y=x^2+1$ 与其在 $x=1$ 点处的切线以及 y 轴所围成的平面图形的面积，并求该图形分别绕两坐标轴旋转一周所形成的立体体积.

【解】 由导数的几何意义可知切线斜率为 $k = y'\big|_{x=1} = 2$.

当 $x=1$ 时，切点为 $(1,2)$，故切线方程为 $y-2=2(x-1)$ 即 $y=2x$.

如图9.8所示的图形为 X-型区域，于是所求面积为

$$A = \int_0^1 (x^2 + 1 - 2x) dx = \left(\frac{1}{3}x^3 + x - x^2\right)\bigg|_0^1 = \frac{1}{3}$$

图形绕 x 轴旋转一周所形成的立体体积为

$$V_x = \pi \int_0^1 \left[(x^2+1)^2 - (2x)^2\right] dx$$

$$= \pi \int_0^1 (x^4 - 2x^2 + 1) dx$$

$$= \pi \left(\frac{1}{5}x^5 - \frac{2}{3}x^3 + x\right)\bigg|_0^1 = \frac{8}{15}\pi$$

图形绕 y 轴旋转时，由 $y=2x \Rightarrow x=\frac{y}{2}$，$y=x^2+1 \Rightarrow x^2=y-1$，所形成的立体体积为

$$V_y = \pi \int_0^2 \left(\frac{y}{2}\right)^2 dy - \pi \int_1^2 (y-1) dy$$

$$= \pi \frac{y^3}{12} \bigg|_0^2 - \pi \frac{(y-1)^2}{2} \bigg|_1^2$$

$$= \frac{2\pi}{3} - \frac{\pi}{2} = \frac{\pi}{6}$$

图形绕 y 轴旋转时,先将 X-型区域转为 Y-型区域,再代入公式求体积.

例 9.5 还可视为由直线 $y=2x$,$y=2$ 与 y 轴围成的三角形旋转所形成的圆锥与抛物线旋转所形成的旋转抛物体的体积之差,即

$$V_y = V_{\text{锥}} - V_{\text{抛}} = \frac{1}{3}\pi \cdot 1^2 \cdot 2 - \pi \int_1^2 (y-1) \, \mathrm{d}y = \frac{2}{3}\pi - \pi \left(\frac{y^2}{2} - y \right) \bigg|_1^2 = \frac{\pi}{6}$$

习题 9.2

1. 求下列旋转体体积.

(1)由抛物线 $y^2=x$ 与直线 $y=x$ 所围成的图形分别绕两坐标轴旋转而成的立体;

(2)由两条抛物线 $y=x^2$,$y=(x-2)^2$ 与 x 轴所围成的图形绕 x 轴旋转而成的立体.

2. 求由抛物线 $y=x^2+2$ 与直线 $x=1$ 及两坐标轴所围成的图形面积,以及该图形分别绕两条坐标轴旋转一周而成的立体体积.

3. 求由抛物线 $y=x^2$ 与直线 $y=x+2$ 所围成的图形面积以及该图形绕 y 轴旋转而成的立体体积.

9.3　连续函数的平均值

积分中值定理给出了连续函数 $y=f(x)$ 在区间 $[a,b]$ 上的平均值计算公式,如图 9.9 所示.

$$\bar{y} = \frac{1}{b-a} \int_a^b f(x) \, \mathrm{d}x$$

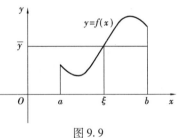

图 9.9

【例 9.6】　求函数 $y=\sqrt[3]{x^2}$ 在区间 $[0,8]$ 上的平均值.

【解】　$\bar{y} = \dfrac{1}{b-a} \displaystyle\int_a^b f(x) \, \mathrm{d}x = \dfrac{1}{8-0} \int_0^8 \sqrt[3]{x^2} \, \mathrm{d}x =$

$\dfrac{1}{8} \cdot \dfrac{3}{5} x^{\frac{5}{3}} \bigg|_0^8 = \dfrac{12}{5}$

【例 9.7】　设交流电的电动势 $E=E_0 \sin \omega t$,试求在半个周期内的平均电动势.

【解】　交流电的电动势周期 $T=\dfrac{2\pi}{\omega}$,本题求在 $\left[0, \dfrac{\pi}{\omega}\right]$ 上的平均电动势,因此

$$\overline{E} = \frac{1}{\frac{\pi}{\omega} - 0} \int_0^{\frac{\pi}{\omega}} E_0 \sin \omega t dt = \frac{E_0}{\pi}(-\cos \omega t)\Big|_0^{\frac{\pi}{\omega}} = \frac{2E_0}{\pi}$$

利用微元法在几何上可以计算平面图形面积以及平面曲线的弧长，在物理中可以求变力做功、液体的压力等. 具体内容可参见二维码内容.

平面曲线的
弧长

定积分在
物理中的应用

习题 9.3

1. 已知自由落体运动 $s = \frac{1}{2}gt^2$，求从 $t = 0$ 到 $t = T$ 这段时间内的平均速度.

2. 求函数 $y = 5 + 2\sin x - 3\cos x$ 在区间 $[0, \pi]$ 上的平均值.

数学之美

美是人类创造性实践活动的产物，是人类本质力量的感性显现，通常包含了自然美、艺术美、社会美等. 然而，数学之美反映的则是自然界中最客观的事实规律以及生活中的科学之美. 克莱茵曾说过："音乐能激发或抚慰情怀，绘画使人赏心悦目，诗歌能动人心弦，哲学使人获得智慧，科技可以改善物质生活，但数学却能提供以上一切." 所以，学习数学，体验数学之美，用欣赏的眼光学习定积分.

1）符号美

"$\int$"是拉丁文 Summa 首字母拉长，读作"Sum"，意为"求和". 1675 年，莱布尼茨以"omn.1"表示 1 的总和积分（Integrals），而"omn"为 omnia 缩写（意即所有、全部），而后他又改成了"$\int$"，直至 1698 年通过一代又一代科学家改良，后发展为至今用法. "d"是英文 differential，differentiation 的首个字母，即"差"；1675 年，莱布尼茨分别引入"dx"及"dy"以此来表示 x 和 y 的微分.

2）思想美

以直代曲，有限到无限，一般到特殊，分割、近似、求和、取极限.

3）公式美

$$\begin{cases} 不定积分: \int f(x)\mathrm{d}x = F(x) + C \\ 定积分: \int_a^b f(x)\mathrm{d}x = F(x)\Big|_a^b = F(b) - F(a)（牛顿-莱布尼茨公式） \end{cases}$$

4）互递美

微分和积分互为递运算：微分是无线细分，积分是无线求和.然而，直至17世纪中叶，人类仍然认为微分和积分是两个独立的概念.

综合练习题 3

1.填空题.

（1） $\left[\int(x + \sin x)\mathrm{d}x\right]' = $ _____.

（2）若 $\int f(x)\mathrm{d}x = F(x) + C$，则 $\int f(ax + b)\mathrm{d}x = $ _____.

（3） $\int x^2 \mathrm{e}^{2x^3}\mathrm{d}x = $ _____.

（4）设 $f(x) = \mathrm{e}^{-x}$，则 $\int \dfrac{f'(\ln x)}{x}\mathrm{d}x = $ _____.

（5）函数 $f(x) = x^2$ 的积分曲线过点 $(-1, 2)$，则这条积分曲线是_____.

（6） $\int x f(x^2) f'(x^2)\mathrm{d}x = $ _____.

（7）若 $\int f(x)\mathrm{d}x = x^2 \mathrm{e}^{2x} + C$，则 $f(x) = $ _____.

（8） $\int_{-2}^2 |1 - x|\mathrm{d}x = $ _____.

（9） $\int_1^{+\infty} \dfrac{3}{1 + x^2}\mathrm{d}x = $ _____.

（10）判定广义积分 $\int_{-\infty}^{+\infty} \sin x\,\mathrm{d}x$ 的敛散性：_____.

（11）若广义积分 $\int_{-\infty}^0 \mathrm{e}^{px}\mathrm{d}x$ 收敛于2，则 $p = $ _____.

（12）函数 $y = 2x\mathrm{e}^{-x}$ 在 $[0, 2]$ 上的平均值 $\bar{y} = $ _____.

（13）连续曲线 $y = f(x)(f(x) \geqslant 0)$ 与直线 $x = a, x = b(a < b)$ 及 x 轴围成的图形面积 $A = $ _____.

（14）曲线 $y = x^2$ 与直线 $y = 2$ 及 y 轴围成的图形绕 y 轴旋转而成的立体体积 $V_y =$ _____.

（15）写出下列图形阴影部分的面积的积分表达式（不计算）.

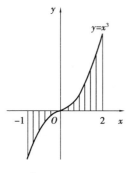
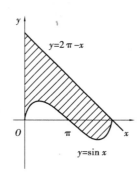

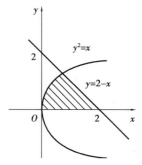

$A =$ _____ $A =$ _____ $A =$ _____

2. 选择题.

（1）设在 (a,b) 内 $f'(x) = g'(x)$，则下列各式中一定成立的是（   ）.

    A. $f(x) = g(x)$ B. $f(x) = g(x) + 1$

    C. $\left(\int f(x)\,dx \right)' = \left(\int g(x)\,dx \right)'$ D. $\int f'(x)\,dx = \int g'(x)\,dx$

（2）设 $F(x)$ 是 $f(x)$ 的一个原函数，则 $\int e^{-x} f(e^{-x})\,dx = ($).

    A. $F(e^{-x}) + C$ B. $-F(e^{-x}) + C$

    C. $F(e^x) + C$ D. $-F(e^x) + C$

（3）下列函数中是同一函数的原函数的是（   ）.

    A. $\ln x^2$ 与 $\ln 2x$ B. $\sin^2 x$ 与 $\sin 2x$

    C. $2\cos^2 x$ 与 $\cos 2x$ D. $\arcsin x$ 与 $\arccos x$

（4）$\int \ln(2x)\,dx = ($).

    A. $2x\ln 2x - 2x + C$ B. $2x\ln 2 + \ln x + C$

    C. $x\ln 2x - x + C$ D. $\dfrac{1}{2}(x-1)\ln x + C$

（5）函数 $y = f(x)$ 的切线斜率为 $\dfrac{x}{2}$，通过 $(2,2)$，则曲线方程为（   ）.

    A. $y = \dfrac{1}{4}x^2 + 3$ B. $y = \dfrac{1}{2}x^2 + 1$

    C. $y = \dfrac{1}{2}x^2 + 3$ D. $y = \dfrac{1}{4}x^2 + 1$

（6）$d\left(\int f'(x)\,dx \right) = ($).

    A. $f'(x)$ B. $F(x)$ C. $f'(x) + C$ D. $f'(x)\,dx$

（7）设 $f'(x^2) = \dfrac{1}{x}$，则 $f(x) = ($).

A. $2x+C$　　　　B. $2\sqrt{x}+C$　　　　C. x^2+C　　　　D. $\dfrac{1}{\sqrt{x}}+C$

(8)定积分是(　　).

　　A.一个原函数　　　B.一个函数族　　　C.一个非负常数　　　D.一个常数

(9)若$f(x),g(x)$均为连续函数,且$f'(x)=g'(x)$,则(　　).

　　A. $f(x)=g(x)$ 　　　　　　　　B. $f(x)=g(x)+C$

　　C. $\displaystyle\int f(x)\,\mathrm{d}x=\int g(x)\,\mathrm{d}x$ 　　　　D. $\displaystyle\int_a^b f(x)\,\mathrm{d}x=\int_a^b g(x)\,\mathrm{d}x$

(10)若$\displaystyle\int_0^1(2x+k)\,\mathrm{d}x=2$, 则$k=($　　$)$.

　　A. 0　　　　　　B. -1　　　　　　C. 1　　　　　　D. $\dfrac{1}{2}$

(11)$\displaystyle\int_{-1}^1 \dfrac{x\cos x}{\sqrt{4-x^2}}\,\mathrm{d}x=($　　$)$.

　　A. 4　　　　　　B. 2　　　　　　C. 1　　　　　　D. 0

(12)使$\displaystyle\int_1^{+\infty} f(x)\,\mathrm{d}x=1$ 成立的$f(x)=($　　$)$.

　　A. $\dfrac{1}{x^2}$　　　　B. $\dfrac{1}{x}$　　　　C. x　　　　D. $\dfrac{1}{1+x^2}$

(13)连续函数$y=f(x)$在$[a,b]$上的平均值$\bar{y}=($　　$)$.

　　A. $\dfrac{1}{b-a}\displaystyle\int_a^b \dfrac{f(x)}{2}\,\mathrm{d}x$ 　　　　B. $\dfrac{1}{2}[f(b)+f(a)]$

　　C. $\dfrac{1}{2}[f(b)-f(a)]$ 　　　　D. $\dfrac{1}{b-a}\displaystyle\int_a^b f(x)\,\mathrm{d}x$

(14)曲线$y=f(x),y=g(x)$与直线$x=a,x=b(a<b)$围成的图形的面积为(　　).

　　A. $\displaystyle\int_a^b [f(x)-g(x)]\,\mathrm{d}x$ 　　　　B. $\displaystyle\int_a^b [g(x)-f(x)]\,\mathrm{d}x$

　　C. $\displaystyle\int_a^b |f(x)-g(x)|\,\mathrm{d}x$ 　　　　D. $\left|\displaystyle\int_a^b [f(x)-g(x)]\,\mathrm{d}x\right|$

(15)连续曲线$y=f(x)$ $(f(x)<0)$与直线$x=a,x=b(a<b)$及x轴围成的图形绕x轴旋转而成的立体体积$V_x=($　　$)$.

　　A. $\displaystyle\int_a^b f^2(x)\,\mathrm{d}x$ 　　　　B. $\pi\displaystyle\int_a^b f^2(x)\,\mathrm{d}x$

　　C. $\pi\displaystyle\int_a^b [-f(x)]\,\mathrm{d}x$ 　　　　D. $\pi\displaystyle\int_a^b [-f^2(x)]\,\mathrm{d}x$

3.计算题.

(1) $\displaystyle\int\left(1-\dfrac{1}{x^2}\right)\sqrt{x\sqrt{x}}\,\mathrm{d}x$ 　　　　(2) $\displaystyle\int\left(\sin\dfrac{x}{2}+\cos\dfrac{x}{2}\right)^2\,\mathrm{d}x$

(3) $\displaystyle\int \dfrac{x^5}{x^3-1}\,\mathrm{d}x$ 　　　　(4) $\displaystyle\int \sin 2x\cos 4x\,\mathrm{d}x$

$(5)\int\sin^5x\mathrm{d}x$ $\qquad$ $(6)\int_0^{+\infty}te^{-\frac{t^2}{2}}\mathrm{d}t$

$(7)\int_{-\infty}^{+\infty}\dfrac{1}{5+4x+4x^2}\mathrm{d}x$ $\qquad$ $(8)\int\sin\sqrt{x}\,\mathrm{d}x$

$(9)\int_0^1\dfrac{\sqrt{x}}{2-\sqrt{x}}\mathrm{d}x$ $\qquad$ $(10)\int_2^3\ln(x-1)\,\mathrm{d}x$

$(11)\int_0^{2\pi}x\cos^2x\mathrm{d}x$ $\qquad$ $(12)\int\dfrac{\ln(\ln x)}{x}\mathrm{d}x$

4. 求通过点 $\left(\dfrac{\pi}{2},2\right)$ 且曲线上任意点 (x,y) 处的切线斜率为 $\cos x$ 的曲线方程.

5. 应用题.

（1）求抛物线 $y=-x^2+4x-3$ 与抛物线上两点 $(0,-3),(3,0)$ 处的切线所围成的图形面积；

（2）求 $xy=3$ 与 $y=4-x$ 所围成的图形面积及其分别绕 x 轴与 y 轴旋转而成的立体体积；

（3）求抛物线 $y^2=2x$ 与直线 $y=x-4$ 所围成的图形面积及其绕 x 轴旋转而成的立体体积.

模块 **4**

微分方程

第 10 章　常微分方程

利用数学手段研究实际问题一般需要对问题建立数学模型,再对它进行求解和分析. 数学模型最常见的表达方式就是包含自变量和未知函数的函数方程,在很多情形下这类方程还包含未知函数的导数,这就是微分方程. 如在不定积分这一章中所介绍的 $\dfrac{dy}{dx}=f(x)$,就是微分方程的一种形式. 其中,$f(x)$ 是已知的,y 是以 x 为自变量的未知函数. 本章主要介绍微分方程的基本概念和几种常见的微分方程及基本解法.

10.1　常微分方程的基本概念

引例 1　某质点从静止开始作匀加速直线运动,加速度为 0.6 m/s^2,求该质点运动的路程函数.

【解】　设该质点运动的路程函数为 $S=S(t)$,路程函数应满足关系式

$$\frac{d^2 S}{dt^2} = 0.6 \tag{1}$$

且未知函数 $S=S(t)$ 满足条件:

$$当 t = 0 \text{ 时},S = 0,v = \frac{dS}{dt} = 0 \tag{2}$$

对式(1)积分一次,得

$$v = \frac{dS}{dt} = 0.6t + C_1 \tag{3}$$

再积分一次,得

$$S = 0.3t^2 + C_1 t + C_2 \tag{4}$$

式中,C_1,C_2 都是任意常数. 将已知条件代入式(3)、式(4)可得:$C_1=0,C_2=0$.

因此质点运动的路程函数为

$$S = 0.3t^2 \tag{5}$$

引例 2　设曲线通过点 $(0,2)$,且该曲线上任意一点 $M(x,y)$ 处的切线斜率为 x^2,求该曲线方程.

【解】　设该曲线的方程为 $y=f(x)$,由导数的几何意义,得

$$\frac{dy}{dx} = x^2 \tag{6}$$

且当 $x=0$ 时,$y=2$ 时 \tag{7}

式(6)两端同时积分得

$$y = \int x^2 \, \mathrm{d}x$$

即

$$y = \frac{1}{3}x^3 + C \tag{8}$$

式中,C 为任意常数.

把条件 $x=0$ 时 $y=2$ 代入式(8),得 $2=0+C$,即 $C=2$.

所求曲线的方程为

$$y = \frac{1}{3}x^3 + 2 \tag{9}$$

两个引例中的关系式(1)和式(6)都含有未知函数的导数.

一般地,将含有未知函数的导数或微分的方程称为**微分方程**. 其中,未知函数是一元函数的,称为**常微分方程**;未知函数是多元函数的,称为**偏微分方程**.

本章只讨论常微分方程.

微分方程中未知函数最高阶导数的阶数称为**微分方程的阶**.

例如,方程(1)是二阶微分方程,方程(6)是一阶微分方程,方程 $yy''' + x\dfrac{\mathrm{d}^4 y}{\mathrm{d}x^4} + xy = 0$ 是四阶微分方程.

一般地,n 阶微分方程的形式是

$$F(x, y, y', \cdots, y^{(n)}) = 0 \tag{10}$$

在方程(10)中,$y^{(n)}$ 是必须出现的,而 $x, y, y', \cdots, y^{(n-1)}$ 等变量则可以不出现.

使微分方程恒成立的函数称为**微分方程的解**. 如果微分方程的解中含有独立的任意常数(任意常数相互独立,它们不能合并而使得任意常数的个数减少),且任意常数的个数与微分方程的阶数相同,这样的解称为微分方程的通解.

例如,函数(4)是方程(1)的解,它含有两个任意常数,而方程(1)是二阶的,所以函数(4)是方程(1)的通解. 又如,函数(8)是方程(6)的解,它含有一个任意常数,而方程(6)是一阶的,所以函数(8)是方程(6)的通解.

因为通解中含有任意常数,而在具体问题中,往往需要得出其中一个确定的解,因此必须确定这些任意常数的值. 在具体问题中,根据实际需要,会给出确定这些常数的条件. 如引例1中条件(2)及引例2中的条件(7).

用来确定通解中任意常数值的条件称为微分方程的初始条件.

例如,一阶微分方程的初始条件是:当 $x=x_0$ 时,$y=y_0$,或写成

$$y\big|_{x=x_0} = y_0$$

二阶微分方程的初始条件是:当 $x=x_0$ 时,$y=y_0$,$y'=y_0'$,或写成

$$y\big|_{x=x_0} = y_0, \; y'\big|_{x=x_0} = y_0' \quad (\text{其中 } x_0, y_0, y_0' \text{ 都是给定的值})$$

不含任意常数的解,即确定了通解中任意常数的值的解称为**微分方程的特解**.

例如(5)是方程(1)满足条件(2)的特解,(9)是方程(6)满足条件(7)的特解.

求微分方程满足初始条件的特解称为微分方程的初值问题.

微分方程的解的图形称为微分方程的积分曲线.

【例 10.1】 验证函数

$$y = C_1 + C_2 e^{-x} + \frac{1}{6} e^{2x} \tag{11}$$

是微分方程

$$y'' + y' = e^{2x} \tag{12}$$

的通解,并求满足初始条件 $y|_{x=0} = 0, y'|_{x=0} = 1$ 的特解.

【解】 分别求出函数 $y = C_1 + C_2 e^{-x} + \frac{1}{6} e^{2x}$ 的一、二阶导数

$$y' = -C_2 e^{-x} + \frac{1}{3} e^{2x} \tag{13}$$

$$y'' = C_2 e^{x} + \frac{2}{3} e^{2x} \tag{14}$$

将 y', y'' 的表达式代入微分方程 $y'' + y' = e^{2x}$,得

$$C_2 e^{x} + \frac{2}{3} e^{2x} - C_2 e^{-x} + \frac{1}{3} e^{2x} = e^{2x}$$

是一个恒等式,因此函数(11)是微分方程(12)的解.

因为函数(11)中有两个独立的任意常数,所以是二阶微分方程(12)的通解.

将 $y|_{x=0} = 0$ 带入式(11),将 $y'|_{x=0} = 1$ 带入式(13)得

$$\begin{cases} C_1 + C_2 + \dfrac{1}{6} = 0 \\ -C_2 + \dfrac{1}{3} = 1 \end{cases}$$

即 $C_1 = \frac{1}{2}, C_2 = -\frac{2}{3}$. 故所求的特解为

$$y = \frac{1}{2} - \frac{2}{3} e^{-x} + \frac{1}{6} e^{2x}$$

【例 10.2】 求微分方程 $y''' = e^{x} + 2\sin x$ 的通解.

【解】 将 $y''' = e^{x} + 2\sin x$ 两端积分一次,得

$$y'' = \int (e^{x} + 2\sin x) dx = e^{x} - 2\cos x + C_1$$

再积分一次,得

$$y' = \int (e^{x} - 2\cos x + C_1) dx = e^{x} - 2\sin x + C_1 x + C_2$$

再积分一次,得

$$y = \int (e^{x} - 2\sin x + C_1 x + C_2) dx = e^{x} + 2\cos x + \frac{1}{2} C_1 x^2 + C_2 x + C_3$$

上式即为原方程的通解.

习题 10.1

1. 指出下列微分方程的自变量及阶数。

（1）$\dfrac{\mathrm{d}y}{\mathrm{d}x}=xy-5$　　　　　　（2）$x(y'')^2=-4y'$

（3）$\dfrac{\mathrm{d}^2y}{\mathrm{d}x^2}+y\dfrac{\mathrm{d}y}{\mathrm{d}x}=x$　　　　（4）$\dfrac{\mathrm{d}^3S}{\mathrm{d}t^3}=S^2-4St$

（5）$xy'+xy-3x=0$　　　　　（6）$\dfrac{\mathrm{d}^2v}{\mathrm{d}t^2}=3$

2. 求下列微分方程的通解.

（1）$\dfrac{\mathrm{d}y}{\mathrm{d}x}=3$　　　　　　（2）$\dfrac{\mathrm{d}^2y}{\mathrm{d}x^2}=\cos x$

（3）$\dfrac{\mathrm{d}y}{\mathrm{d}x}=x^2$　　　　　　（4）$\dfrac{\mathrm{d}^2y}{\mathrm{d}x^2}=x-3$

（5）$\dfrac{\mathrm{d}y}{\mathrm{d}x}=\dfrac{3}{x}-2$　　　　　（6）$\dfrac{\mathrm{d}^2y}{\mathrm{d}x^2}=\mathrm{e}^x+1$

3. 求出下列微分方程满足所给初始条件的特解.

（1）$\dfrac{\mathrm{d}y}{\mathrm{d}x}=\cos x,y\big|_{x=0}=2$

（2）$\dfrac{\mathrm{d}^2y}{\mathrm{d}x^2}=3x,y\big|_{x=0}=1,\dfrac{\mathrm{d}y}{\mathrm{d}x}\Big|_{x=0}=6$

（3）$\dfrac{\mathrm{d}y}{\mathrm{d}x}=\sin x,y\big|_{x=0}=1$

（4）$\dfrac{\mathrm{d}^2y}{\mathrm{d}x^2}=3x^2,y\big|_{x=0}=2,\dfrac{\mathrm{d}y}{\mathrm{d}x}\Big|_{x=0}=4$

4. 验证函数 $y=C_1\mathrm{e}^{-3x}+C_2x\mathrm{e}^{-3x}$ 是微分方程 $\dfrac{\mathrm{d}^2y}{\mathrm{d}x^2}+6\dfrac{\mathrm{d}y}{\mathrm{d}x}+9y=0$ 的通解,并求满足初始条件 $y\big|_{x=0}=1,y'\big|_{x=0}=0$ 的特解.

10.2　一阶微分方程

10.2.1　可分离变量的微分方程

我们首先讨论一阶微分方程

$$y'=f(x,y)\qquad\qquad(1)$$

的一些解法.

在 10.1 引例 2 中所遇到一阶微分方程

$$\frac{\mathrm{d}y}{\mathrm{d}x} = x^2 \quad 即 \quad \mathrm{d}y = x^2 \mathrm{d}x$$

将上式两端积分可得到方程的通解

$$y = \frac{1}{3}x^3 + C$$

但不是所有的一阶微分方程都能这样求解,例如

$$\frac{\mathrm{d}y}{\mathrm{d}x} = xy^2 \tag{2}$$

不能直接对两端积分求出它的通解. 因为方程(2)的右边含有变量 y,积分 $\int xy^2 \mathrm{d}x$ 求不出来. 为了解决这个困难,将方程(2)变形为

$$\frac{\mathrm{d}y}{y^2} = x\mathrm{d}x$$

两端同时积分
$$\int \frac{1}{y^2}\mathrm{d}y = \int x\mathrm{d}x$$

得
$$-\frac{1}{y} = \frac{1}{2}x^2 + C_1$$

即
$$y = \frac{-1}{\frac{1}{2}x^2 + C_1} = \frac{-2}{x^2 + C} \tag{3}$$

式中,C_1 与 C 是任意常数. 可以验证,函数(3)是方程(2)的通解.

如果一阶微分方程能写成

$$g(y)\mathrm{d}y = f(x)\mathrm{d}x \tag{4}$$

的形式,那么原方程就称为可分离变量的微分方程.

可分离变量微分方程的特点是:微分方程一端只含有 y 的函数和 $\mathrm{d}y$,而另一端只含有 x 的函数和 $\mathrm{d}x$.

解可分离变量微分方程的一般步骤:

(1)分离变量 $\quad g(y)\mathrm{d}y = f(x)\mathrm{d}x$

(2)两端积分 $\quad \int g(y)\mathrm{d}y = \int f(x)\mathrm{d}x$

(3)求积分得通解 $\quad G(y) = F(x) + C$

其中,$G(y)$ 及 $F(x)$ 分别为 $g(y)$ 及 $f(x)$ 的原函数.

【例 10.3】 求微分方程

$$y' = \frac{x^2}{y} \tag{5}$$

的通解.

【解】 方程(5)是可分离变量微分方程,分离变量得

$$y\mathrm{d}y = x^2\mathrm{d}x$$

两端积分 $$\int y\mathrm{d}y = \int x^2 \mathrm{d}x$$

得 $$\frac{y^2}{2} = \frac{x^3}{3} + C$$

即 $$3y^2 - 2x^3 = C$$

所以通解为 $3y^2 - 2x^3 = C$.

【例 10.4】 求微分方程

$$\frac{\mathrm{d}y}{\mathrm{d}x} = 3x^2 y \qquad\qquad (6)$$

的通解.

【解】 方程(6)是可分离变量微分方程,分离变量得

$$\frac{\mathrm{d}y}{y} = 3x^2 \mathrm{d}x$$

两端积分 $$\int \frac{\mathrm{d}y}{y} = \int 3x^2 \mathrm{d}x$$

得 $$\ln|y| = x^3 + C_1$$

即 $$y = \pm \mathrm{e}^{x^3 + C_1} = \pm \mathrm{e}^{C_1} \mathrm{e}^{x^3} = C \mathrm{e}^{x^3}$$

式中,C 为任意非零常数,但当 $C=0$ 时,$y=0$ 也是方程(6)的解,因在方程分离变量过程中 $y \neq 0$,产生了失根 $y=0$,故方程(6)的通解为 $y = C\mathrm{e}^{x^3}$,C 为任意常数.

【例 10.5】 求微分方程

$$y' = \mathrm{e}^{x-y} \qquad\qquad (7)$$

满足初始条件 $y|_{x=0} = 0$ 的特解.

【解】 方程(7)可写成 $\frac{\mathrm{d}y}{\mathrm{d}x} = \mathrm{e}^{x-y}$,分离变量得

$$\mathrm{e}^y \mathrm{d}y = \mathrm{e}^x \mathrm{d}x$$

两端积分 $$\int \mathrm{e}^y \mathrm{d}y = \int \mathrm{e}^x \mathrm{d}x$$

得 $$\mathrm{e}^y = \mathrm{e}^x + C$$

将 $y|_{x=0} = 0$ 代入上式,得 $C=0$,所求微分方程的特解为

$$\mathrm{e}^y = \mathrm{e}^x \quad 即 \quad y = x$$

【例 10.6】 某企业的经营成本 C 随产量 x 增加而增加,其变化率为 $\frac{\mathrm{d}C}{\mathrm{d}x} = (2+x)C$,且固定成本为 5,求成本函数 $C = C(x)$.

【解】 微分方程为

$$\frac{\mathrm{d}C}{\mathrm{d}x} = (2+x)C \qquad\qquad (8)$$

按题意,初始条件为 $C|_{x=0} = 5$,方程(8)分离变量后得

$$\frac{\mathrm{d}C}{C} = (2+x)\mathrm{d}x$$

两端积分
$$\int \frac{\mathrm{d}C}{C} = \int (2 + x)\,\mathrm{d}x$$

以 $\ln A$ 表示任意常数,得

$$\ln C = 2x + \frac{1}{2}x^2 + \ln A$$

即
$$C = A\mathrm{e}^{2x+\frac{1}{2}x^2}$$

这就是方程(8)的通解. 代入初始条件得 $A = 5$,故成本函数为

$$C(x) = 5\mathrm{e}^{2x+\frac{1}{2}x}$$

10.2.2 一阶线性微分方程

1)一阶线性微分方程

形如

$$\frac{\mathrm{d}y}{\mathrm{d}x} + P(x)y = Q(x) \tag{9}$$

的微分方程称为**一阶线性微分方程**. 其中,$P(x)$ 和 $Q(x)$ 均为 x 的连续函数.

特征:它是关于未知函数 y 及其导数的一次方程,例如 $y'+xy=1$.

如果 $Q(x)=0$,则

$$\frac{\mathrm{d}y}{\mathrm{d}x} + P(x)y = 0$$

此方程称为**一阶线性齐次微分方程**,也称作方程(9)所对应的齐次线性方程.

如果 $Q(x)\neq 0$,则方程(9)称为**一阶线性非齐次微分方程**.

2)一阶线性微分方程的求解

首先,求出方程(9)对应的齐次线性方程

$$\frac{\mathrm{d}y}{\mathrm{d}x} + P(x)y = 0 \tag{10}$$

的通解.

方程(10)是可分离变量的,分离变量后得

$$\frac{\mathrm{d}y}{y} = - P(x)\,\mathrm{d}x$$

两端积分得

$$\ln |y| = - \int P(x)\,\mathrm{d}x + \ln C_1$$

即
$$y = C\mathrm{e}^{-\int P(x)\,\mathrm{d}x}\ (C = \pm \mathrm{e}^{C_1})$$

上式为齐次线性方程(10)的通解.

其次,利用常数变易法求非齐次线性微分方程(9)的通解.

将上述通解中的常数 C 换成一个 x 的未知函数 $u=u(x)$,即

$$y = u(x)\mathrm{e}^{-\int P(x)\,\mathrm{d}x} \tag{11}$$

两边求导,得

$$\frac{\mathrm{d}y}{\mathrm{d}x} = u'(x)\mathrm{e}^{-\int P(x)\mathrm{d}x} - u(x)P(x)\mathrm{e}^{-\int P(x)\mathrm{d}x} \qquad (12)$$

将式(11)和式(12)代入方程(9)得

$$u'\mathrm{e}^{-\int P(x)\mathrm{d}x} - uP(x)\mathrm{e}^{-\int P(x)\mathrm{d}x} + uP(x)\mathrm{e}^{-\int P(x)\mathrm{d}x} = Q(x)$$

即

$$u'\mathrm{e}^{-\int P(x)\mathrm{d}x} = Q(x)$$

得

$$u' = Q(x)\mathrm{e}^{\int P(x)\mathrm{d}x}$$

两端积分得

$$u = \int Q(x)\mathrm{e}^{\int P(x)\mathrm{d}x}\mathrm{d}x + C$$

将上式代入式(11),于是得非齐次线性方程(9)的通解

$$y = \mathrm{e}^{-\int P(x)\mathrm{d}x}\left(\int Q(x)\mathrm{e}^{\int P(x)\mathrm{d}x}\mathrm{d}x + C\right) \qquad (13)$$

即

$$y = C\mathrm{e}^{-\int P(x)\mathrm{d}x} + \mathrm{e}^{-\int P(x)\mathrm{d}x}\int Q(x)\mathrm{e}^{\int P(x)\mathrm{d}x}\mathrm{d}x$$

这种方法就称为常数变易法. 上式右端第一项恰好对应的齐次线性方程(10)的通解,第二项是非齐次线性方程(9)的一个特解[式(13)中取 $C=0$ 便得到这个特解]. 由此可知,一阶非齐次线性微分方程的通解等于对应的齐次线性方程的通解与非齐次方程的一个特解之和.

【例10.7】　解微分方程 $y' - \dfrac{2}{x+1}y = (x+1)^4$.

【解】　与原方程对应的齐次方程为

$$y' - \frac{2}{x+1}y = 0$$

$$\frac{\mathrm{d}y}{y} = \frac{2}{x+1}\mathrm{d}x$$

$$\int \frac{\mathrm{d}y}{y} = \int \frac{2}{x+1}\mathrm{d}x$$

$$\ln y = 2\ln|x+1| + \ln C$$

$$y = C(1+x)^2$$

用常数变易法,将 C 换成 $u=u(x)$,即

$$y = u(1+x)^2 \qquad (14)$$

则

$$y' = u'(1+x)^2 + 2u(1+x)$$

将 y 和 y' 代入非齐次方程,得

$$u' = (1+x)^2$$

两端积分,得

$$u = \frac{1}{3}(1+x)^3 + C$$

将上式代入式(14),得原方程的通解为

$$y = (x + 1)^2 \left[\frac{1}{3}(x + 1)^3 + C \right]$$

【例 10.8】 求微分方程 $\dfrac{\mathrm{d}y}{\mathrm{d}x} - 2xy = x$ 满足初始条件 $y|_{x=0} = 1$ 的特解.

【解】 对应一阶线性非齐次方程(9),得 $P(x) = -2x, Q(x) = x$,代入通解公式(13),得

$$y = \mathrm{e}^{-\int -2x\mathrm{d}x} \left[\int x\mathrm{e}^{\int -2x\mathrm{d}x} \mathrm{d}x + C \right]$$

$$y = \mathrm{e}^{x^2} \left(-\frac{1}{2}\mathrm{e}^{-x^2} + C \right)$$

将 $y|_{x=0} = 1$ 代入上式,得

$$1 = C - \frac{1}{2}, \text{ 即 } C = \frac{3}{2}$$

因此,微分方程满足初始条件的特解为

$$y = \frac{3}{2}\mathrm{e}^{x^2} - \frac{1}{2}$$

【例 10.9】 某公司的年利润 L 随广告费 x 的变化而变化,其变化率为 $\dfrac{\mathrm{d}L}{\mathrm{d}x} = 5 - 2(L + x)$,当 $x = 0$ 时 $L = 10$. 求年利润 L 与广告费 x 之间的函数关系.

【解】 方程变形为

$$\frac{\mathrm{d}L}{\mathrm{d}x} + 2L = 5 - 2x$$

其中,$P(x) = 2, Q(x) = 5 - 2x$,代入通解公式(13),得

$$L = \mathrm{e}^{-\int 2\mathrm{d}x} \left[\int (5 - 2x)\mathrm{e}^{\int 2\mathrm{d}x} \mathrm{d}x + C \right]$$

$$L = \mathrm{e}^{-2x} \left[\int (5 - 2x)\mathrm{e}^{2x} \mathrm{d}x + C \right]$$

$$L = 3 - x + C\mathrm{e}^{-2x}$$

将初始条件 $x = 0, L = 10$ 代入上式,得 $C = 7$. 因此,年利润 L 与广告费 x 之间的函数关系为

$$L = 3 - x + 7\mathrm{e}^{-2x}$$

习题 10.2

1. 判断下列方程是否是一阶线性微分方程.

(1) $xy + y' = x^2$

(2) $x^2(y'')^2 = x + 3y'$

(3) $\left(\dfrac{\mathrm{d}y}{\mathrm{d}x} \right)^2 + x\dfrac{\mathrm{d}y}{\mathrm{d}x} = 2y$

(4) $\dfrac{\mathrm{d}^3 S}{\mathrm{d}t^3} = 2t^2$

（5）$2y' + xy'' - 3\sin x = 0$　　　　　　（6）$t\left(\dfrac{\mathrm{d}v}{\mathrm{d}t}\right)^2 = 3 + vt$

2. 求下列微分方程的通解.

（1）$y' + y\sin x = 0$　　　　　　（2）$y' - 2x = 5$

（3）$y' - \mathrm{e}^{x+y} = 0$　　　　　　（4）$\dfrac{\mathrm{d}y}{\mathrm{d}x} = x - 3$

（5）$\dfrac{\mathrm{d}y}{\mathrm{d}x} = \dfrac{4}{x}$　　　　　　（6）$\dfrac{\mathrm{d}y}{\mathrm{d}x} = 2\mathrm{e}^x + 3$

3. 求下列微分方程的特解.

（1）$\dfrac{\mathrm{d}y}{\mathrm{d}x} = 2xy, y\mid_{x=0} = 1$

（2）$y^2\,\mathrm{d}x + (x+1)\,\mathrm{d}y = 0, y\mid_{x=0} = 1$

（3）$\dfrac{\mathrm{d}y}{\mathrm{d}x} = \dfrac{1+y^2}{xy + x^3 y}, y\mid_{x=1} = 2$

（4）$(1+x)y\,\mathrm{d}x + (1-y)x\,\mathrm{d}y = 0, y\mid_{x=1} = 1$

4. 某一曲线通过原点，并且它在任一点 (x,y) 处的切线斜率等于 $x+y$，求此曲线的方程.

10.3　二阶常系数线性微分方程

形如
$$y'' + py' + qy = f(x) \tag{1}$$
的微分方程称为**二阶常系数线性微分方程**. 其中，p,q 均为常数. 如果 $f(x)=0$，方程（1）称为**二阶常系数齐次线性微分方程**，如果 $f(x)\neq 0$，方程（1）则称为**二阶常系数非齐次线性微分方程**. 本节主要讨论二阶常系数齐次线性微分方程的求解方法.

对于二阶常系数齐次线性微分方程
$$y'' + py' + qy = 0 \tag{2}$$
有以下重要定理：

定理 10.1　如果函数 $y_1(x)$ 和 $y_2(x)$ 是方程（2）的两个解，那么
$$y = C_1 y_1(x) + C_2 y_2(x) \tag{3}$$
也是方程（2）的解，其中 C_1, C_2 为任意常数.

方程（3）从形式上看含有 C_1, C_2 两个任意常数，但它不一定是方程（2）的通解.

例如，假定 $y_1(x)$ 是方程（2）的一个解，则 $y_2(x) = 2y_1(x)$ 也是方程（2）的解. 这时式（3）成为
$$y = C_1 y_1(x) + 2C_2 y_1(x)$$
即
$$y = Cy_1(x)$$
式中，$C = C_1 + 2C_2$. 也就是说，C_1, C_2 不是两个独立常数，所以不是方程（2）的通解.

什么情况下 $y = C_1 y_1(x) + C_2 y_2(x)$ 才是方程(2)的通解呢？要解决这个问题，还得引入一个新的概念，即函数组的线性相关与线性无关.

定义 10.1 设 $y_1 = y_1(x)$ 和 $y_2 = y_2(x)$ 是定义在某区间内的函数，若 $\dfrac{y_1}{y_2} = k$（其中 k 为常数），则称 y_1 和 y_2 线性相关，否则称 y_1 和 y_2 线性无关.

定理 10.2 如果函数 $y_1(x)$ 和 $y_2(x)$ 是方程(2)的两个线性无关的特解，那么

$$y = C_1 y_1(x) + C_2 y_2(x) \quad (C_1, C_2 \text{ 是任意常数})$$

就是方程(2)的通解.

由定理 10.2 可知，求微分方程(2)的通解，可以先求出它的两个线性无关的特解 y_1 和 $y_2 \left(\dfrac{y_2}{y_1} \neq \text{常数} \right)$，那么 $y = C_1 y_1(x) + C_2 y_2(x)$ 就是方程(2)的通解.

当 r 为常数时，指数函数 $y = e^{rx}$ 和它的各阶导数都只相差一个常数因子. 因此用 $y = e^{rx}$ 来尝试，看能否选取适当的常数 r 使 $y = e^{rx}$ 满足方程(2).

将 $y = e^{rx}$ 分别求一、二阶导数，得到

$$y' = r e^{rx}, \quad y'' = r^2 e^{rx}$$

将 y, y' 和 y'' 代入方程(2)，得

$$e^{rx}(r^2 + pr + q) = 0$$

因为 $e^{rx} \neq 0$，所以上式要成立，就必须

$$r^2 + pr + q = 0 \tag{4}$$

由此可见，只要 r 满足代数方程：$r^2 + pr + q = 0$，函数 $y = e^{rx}$ 就是微分方程(2)的解.

代数方程(4)称作微分方程(2)的特征方程.

特征方程(4)是一个二次代数方程，其中 r^2, r 的系数及常数项恰好依次是微分方程(2)中 y'', y' 及 y 的系数. 特征方程(4)的两个根 r_1, r_2 为

$$r_{1,2} = \frac{-p \pm \sqrt{p^2 - 4q}}{2}$$

下面根据特征方程根的三种不同情况讨论方程(2)的通解.

①特征方程有两个不相等的实根（$p^2 - 4q > 0$），即 $r_1 \neq r_2$. 这时可得 $y_1 = e^{r_1 x}, y_2 = e^{r_2 x}$ 是微分方程(2)的两个解，并且 $\dfrac{y_1}{y_2} = \dfrac{e^{r_1 x}}{e^{r_2 x}} = e^{(r_1 - r_2)x} \neq \text{常数}$，即 y_1 和 y_2 是两个线性无关的解，因此微分方程(2)的通解为

$$y = C_1 e^{r_1 x} + C_2 e^{r_2 x}$$

【例 10.10】 求方程 $y'' - 5y' + 6y = 0$ 的通解.

【解】 特征方程为

$$r^2 - 5r + 6 = 0$$

其根 $r_1 = 3, r_2 = 2$ 是两个不相等的实根，因此所求通解为

$$y = C_1 e^{3x} + C_2 e^{2x}$$

②特征方程有两个相同的实根（$p^2 - 4q = 0$），即 $r_1 = r_2$. 这时只能找到方程(2)的一个特

解 $y_1 = e^{r_1x}$，要得到通解，就需找到另一个与 y_1 线性无关的特解. 设 $\dfrac{y_2}{y_1} = u(x)$，即 $y_2 = e^{r_1x}u(x)$. 将 y_2 求导，得

$$y_2' = r_1u(x)e^{r_1x} + u'(x)e^{r_1x}$$

$$y_2'' = 2r_1u'(x)e^{r_1x} + r_1^2u(x)e^{r_1x} + u''(x)e^{r_1x}$$

将 y_2, y_2', y_2'' 代入方程(2)，得

$$[u''(x) + (2r_1 + p)u'(x) + (r_1^2 + pr_1 + q)u(x)]e^{r_1x} = 0$$

由于 r_1 是特征方程(18)的重根，所以 $r_1^2 + pr_1 + q = 0$，且 $2r_1 + p = 0$，于是得

$$u''(x) = 0$$

因为这里只要得到一个不为常数的解即可，所以选择最简单的函数 $u(x) = x$，可得另一个特解

$$y_2 = xe^{r_1x}$$

微分方程(2)的通解为

$$y = (C_1 + C_2x)e^{r_1x}$$

【例10.11】　求方程 $y'' - 2y' + y = 0$ 满足初始条件 $y'|_{x=0} = 0$ 和 $y|_{x=0} = 1$ 的特解.

【解】　特征方程为

$$r^2 - 2r + 1 = 0$$

其根 $r_1 = r_2 = 1$ 是两个相等的实根，因此所求微分方程的通解为

$$y = (C_1 + C_2x)e^x \tag{5}$$

将上式对 x 求导，得

$$y' = C_1e^x + (C_2 + C_2x)e^x \tag{6}$$

将初始条件 $y'|_{x=0} = 0$ 代入式(6)，$y|_{x=0} = 1$ 代入式(5)，得

$$\begin{cases} 1 = C_1e^0 \\ 0 = C_2 + C_1 \end{cases}$$

即 $C_1 = 1, C_2 = -1$. 因此原方程的特解为

$$y = (1 - x)e^{2x}$$

③特征方程有一对共扼复数根（$p^2 - 4q < 0$），即 $r_{1,2} = \alpha \pm \beta i$（$\alpha, \beta$ 是常数，$\beta \neq 0$）. 这时方程的两个特解为 $y_1 = e^{(\alpha+\beta i)x}$ 和 $y_2 = e^{(\alpha-\beta i)x}$，但它们是复值函数形式. 为了得到实值函数形式的解，可利用欧拉公式（$e^{i\theta} = \cos\theta + i\sin\theta$）把 y_1, y_2 改写为

$$y_1 = e^{\alpha x}(\cos\beta x + i\sin\beta x)$$

$$y_2 = e^{\alpha x}(\cos\beta x - i\sin\beta x)$$

由定理10.1知

$$\frac{y_1 + y_2}{2} = e^{\alpha x}\cos\beta x$$

$$\frac{y_1 - y_2}{2i} = e^{\alpha x}\sin\beta x$$

都是方程（2）的特解，且 $\dfrac{e^{\alpha x}\cos\beta x}{e^{\alpha x}\sin\beta x}=\cot\beta x$ 不是常数，所以这两个解线性无关.

微分方程（2）的通解为

$$y = e^{\alpha x}(C_1\cos\beta x + C_2\sin\beta x)$$

【例 10.12】 求方程 $y''-4y'+5y=0$ 的通解.

【解】 特征方程为

$$r^2 - 4r + 5 = 0$$

其根 $r_{1,2}=2\pm i$ 为一对共轭复根，因此所求通解为

$$y = e^{2x}(C_1\cos x + C_2\sin x)$$

综上所述，二阶常系数齐次线性微分方程的通解形式见表 10.1.

表 10.1　二阶常系数齐次线性微分方程的通解

特征方程 $r^2+pr+q=0$ 的两根 r_1,r_2	微分方程 $y''+py'+q=0$ 的通解
$r_1\neq r_2$（r_1,r_2 是实数）	$y=C_1e^{r_1 x}+C_2e^{r_2 x}$
$r_1=r_2$（r_1,r_2 是实数）	$y=(C_1+C_2x)e^{r_1 x}$
一对共扼复数 $r_{1,2}=\alpha\pm\beta i$	$y=e^{\alpha x}(C_1\cos\beta x+C_2\sin\beta x)$

习题 10.3

1. 求下列齐次线性微分方程的通解.

（1）$y'' - 4y = 0$　　　　　　　（2）$y'' + y = 0$

（3）$\left(\dfrac{\mathrm{d}y}{\mathrm{d}x}\right)^2 + 4\dfrac{\mathrm{d}y}{\mathrm{d}x} + 4y = 0$　　　　（4）$y'' + 2y' + 5y = 0$

（5）$y'' = 3\sin x$　　　　　　　（6）$y'' = e^x + \cos x$

2. 求下列齐次线性微分方程的特解.

（1）$y'' - 2y' = 0, y\big|_{x=0} = 0, y'\big|_{x=0} = 4$

（2）$y'' + 2y' - 3y = 0, y\big|_{x=0} = 2, y'\big|_{x=0} = 3$

（3）$y'' - 3y' = 0, y\big|_{x=0} = 2, y'\big|_{x=0} = 4$

（4）$y'' + 2y = 0, y\big|_{x=0} = 1, y'\big|_{x=0} = 5$

3. 判断下列方程是否为齐次线性微分方程。

（1）$y''-2y'+3y=0$　　　　　　（2）$y''+3y=\sin x$

（3）$3y''+y'=0$　　　　　　　　（4）$3y''-y'+2y=e^x$

（5）$2y''+y=0$　　　　　　　　（6）$y''-y'+y=3x-2$

微分方程的发展

17世纪,针对弹性问题提出的悬链线方程、震动弦方程都是微分方程.经典的力学、天文学、工程学领域的许多问题都可使用微分方程求解.近代以来,动力气象学、海洋动力学、化学流体力学等交叉学科大量使用微分方程表达复杂运动过程.各种微分方程模型先后涌现,例如人口发展模型、传染病模型、交通流模型等.

随着大量复杂现象使用微分方程表达,微分方程的求解变得越发困难.初等解(积分形式)不一定能给出,转而结合计算机使用数值计算的方法求解析解,对微分方程系统整体进行量化研究的动力系统研究逐步涌现.

综合练习题 4

1. 选择题.

(1)方程(　　)是二阶微分方程.

　　A. $y'+y=x$ 　　　　　　　　B. $y''-4y=\sin x$

　　C. $y'+2x=0$ 　　　　　　　　D. $y''+e^x=0$

(2)方程(　　)是一阶微分方程.

　　A. $y'+y=2x$ 　　　　　　　　B. $y''+y'+2y=0$

　　C. $y''-2x+1=0$ 　　　　　　 D. $(y'')^2+3e^x=0$

(3)方程(　　)是齐次微分方程

　　A. $y'-2y=3x-1$ 　　　　　　B. $y''-4y=3x-2$

　　C. $y'+3y=0$ 　　　　　　　　D. $y''-2y=\ln x$

2. 求下列微分方程的通解.

(1) $\dfrac{dy}{dx}=\dfrac{3}{x^3}$ 　　　　　　　　(2) $y'=e^{2x-3y}$

(3) $(1+2y)x\,dx+(1+x)\,dy=0$ 　　(4) $y''-10y'+21y=0$

(5) $\dfrac{dy}{dx}=\dfrac{xy}{1+x^2}$ 　　　　　　 (6) $\dfrac{dy}{dx}-\dfrac{1}{x}y=x^3$

3. 求下列微分方程的特解.

(1) $\dfrac{dy}{dx}=\dfrac{\sin x}{1+y}$, $y\big|_{x=0}=1$

(2) $xy'-y=x^2e^x$, $y\big|_{x=1}=3$

(3) $y''=\dfrac{2}{x^2}\ln x$, $y\big|_{x=1}=0$, $y'\big|_{x=1}=-1$

（4）$y'' - 2y' + 2y = 0, y|_{x=0} = 0, y'|_{x=0} = 2$

4. 设一曲线通过原点，且在任一点 (x, y) 的切线斜率为该点横坐标的 3 倍与纵坐标的和，求该曲线方程.

5. 在一个化学反应中，反应速度 v 与质量 M 成正比，且经过 100 s 后分解了原有物质质量 M_0 的一半. 求物质的质量 M 与时间 t 之间的函数关系.

附　录

附录 1　初等数学常用公式

1）代数公式

（1）绝对值

$$|a| = \begin{cases} a, a \geqslant 0 \\ -a, a < 0 \end{cases} \qquad\qquad |x| \leqslant a \Leftrightarrow -a \leqslant x \leqslant a$$

$$|x| \geqslant a \Leftrightarrow x \geqslant a \text{ 或 } x \leqslant -a \qquad\qquad |a| - |b| \leqslant |a \pm b| \leqslant |a| + |b|$$

（2）指数公式

$$a^m \cdot a^n = a^{m+n} \qquad\qquad a^m \div a^n = a^{m-n} \qquad\qquad (ab)^m = a^m \cdot b^m$$

$$a^0 = 1 \, (a \neq 0) \qquad\qquad a^{-p} = \frac{1}{a^p} \qquad\qquad a^{\frac{n}{m}} = \sqrt[m]{a^n}$$

（3）对数公式（设 $a > 0$ 且 $a \neq 1$）

$$a^x = b \Leftrightarrow x = \log_a b \qquad\qquad \log_a 1 = 0 \qquad\qquad \log_a a = 1$$

$$a^{\log_a N} = N \qquad\qquad \log_a b = \frac{\log_c b}{\log_c a} \, (c > 0, c \neq 1)$$

$$\log_a MN = \log_a M + \log_a N \qquad \log_a \frac{M}{N} = \log_a M - \log_a N \qquad \log_a M^n = n \log_a M$$

（4）乘法公式及因式分解公式

$$(a+b)^n = C_n^0 a^n + C_n^1 ab^{n-1} + \cdots + C_n^r a^r b^{n-r} + \cdots + C_n^n b^n$$

$$(a \pm b)^2 = a^2 \pm 2ab + b^2 \qquad (a \pm b)^3 = a^3 \pm 3a^2 b + 3ab^2 \pm b^3$$

$$a^n - b^n = (a-b)(a^{n-1} + a^{n-2}b + a^{n-3}b^2 + \cdots + ab^{n-2} + b^{n-1})$$

$$a^2 - b^2 = (a+b)(a-b)$$

$$a^3 \pm b^3 = (a \pm b)(a^2 \mp ab + b^2)$$

（5）数列公式

首项为 a_1，公差为 d 的等差数列　$a_n = a_1 + (n-1)d, S_n = \dfrac{n(a_1 + a_n)}{2}$

首项为 a_1，公比为 q 的等比数列　　$a_n = a_1 q^{n-1}$，$S_n = \dfrac{a_1(1-q^n)}{1-q}$

$1 + 2 + \cdots + n = \dfrac{n(n+1)}{2}$ $\qquad\qquad\qquad$ $1 + 3 + 5 + \cdots + (2n-1) = n^2$

$1^2 + 2^2 + 3^2 + \cdots + n^2 = \dfrac{n(n+1)(2n+1)}{6}$ $\qquad$ $1^3 + 2^3 + 3^3 + \cdots + n^3 = \left[\dfrac{n(n+1)}{2}\right]^2$

2）三角公式

（1）同角三角函数间的关系

$\sin^2 x + \cos^2 x = 1$ $\qquad\qquad$ $1 + \tan^2 x = \sec^2 x$ $\qquad\qquad$ $1 + \cot^2 x = \csc^2 x$

$\sin x \csc x = 1$ $\qquad\qquad$ $\cos x \sec x = 1$ $\qquad\qquad$ $\tan x \cot x = 1$

$\tan x = \dfrac{\sin x}{\cos x}$ $\qquad\qquad\qquad$ $\cot x = \dfrac{\cos x}{\sin x}$

（2）倍角公式

$\sin 2x = 2 \sin x \cos x$ $\qquad\qquad$ $\cos 2x = \cos^2 x - \sin^2 x = 2\cos^2 x - 1 = 1 - 2\sin^2 x$

$\tan 2x = \dfrac{2\tan x}{1 - \tan^2 x}$ $\qquad\qquad$ $\sin^2 x = \dfrac{1 - \cos 2x}{2}$ $\qquad\qquad$ $\cos^2 x = \dfrac{1 + \cos 2x}{2}$

积化和差与和差化积：

$\sin \alpha \cos \beta = \dfrac{1}{2}\left[\sin(\alpha+\beta) + \sin(\alpha-\beta)\right]$ $\qquad$ $\cos \alpha \sin \beta = \dfrac{1}{2}\left[\sin(\alpha+\beta) - \sin(\alpha-\beta)\right]$

$\cos \alpha \cos \beta = \dfrac{1}{2}\left[\cos(\alpha+\beta) + \cos(\alpha-\beta)\right]$ $\qquad$ $\sin \alpha \sin \beta = -\dfrac{1}{2}\left[\cos(\alpha+\beta) - \cos(\alpha-\beta)\right]$

$\sin \alpha + \sin \beta = 2 \sin \dfrac{\alpha+\beta}{2} \cos \dfrac{\alpha-\beta}{2}$ $\qquad$ $\sin \alpha - \sin \beta = 2 \cos \dfrac{\alpha+\beta}{2} \sin \dfrac{\alpha-\beta}{2}$

$\cos \alpha + \cos \beta = 2 \cos \dfrac{\alpha+\beta}{2} \cos \dfrac{\alpha-\beta}{2}$ $\qquad$ $\cos \alpha - \cos \beta = -2 \sin \dfrac{\alpha+\beta}{2} \sin \dfrac{\alpha-\beta}{2}$

正余弦定理及面积公式：

$\dfrac{a}{\sin A} = \dfrac{b}{\sin B} = \dfrac{c}{\sin C} = 2R$

$a^2 = b^2 + c^2 - 2bc \cos A$ $\qquad$ $b^2 = a^2 + c^2 - 2ac \cos B$ $\qquad$ $c^2 = a^2 + b^2 - 2ab \cos C$

$S = \dfrac{1}{2}ab \sin C = \dfrac{1}{2}bc \sin A = \dfrac{1}{2}ac \sin B$

$S = \sqrt{p(p-a)(p-b)(p-c)}$，其中 $p = \dfrac{1}{2}(a+b+c)$

3）解析几何公式

两点 $P_1(x_1, y_1)$ 与 $P_2(x_2, y_2)$ 的距离公式 $\quad d = \sqrt{(x_2-x_1)^2 + (y_2-y_1)^2}$

经过两点 $P_1(x_1, y_1)$ 与 $P_2(x_2, y_2)$ 的直线的斜率公式 $\quad k = \dfrac{y_2-y_1}{x_2-x_1}$

经过点 $P(x_0, y_0)$，斜率为 k 直线方程 $\quad y - y_0 = k(x - x_0)$

斜率为 k，纵截距为 b 的直线方程　$y = kx + b$

点 $P(x_0, y_0)$ 到直线 $Ax + By + C = 0$ 的距离　$d = \dfrac{|Ax_0 + By_0 + C|}{\sqrt{A^2 + B^2}}$

附录 2　积分表

1）含有 $ax + b$ 的积分（$a \neq 0$）

(1) $\displaystyle\int \frac{\mathrm{d}x}{ax + b} = \frac{1}{a}\ln|ax + b| + C$

(2) $\displaystyle\int (ax + b)^\mu \mathrm{d}x = \frac{1}{a(\mu + 1)}(ax + b)^{\mu + 1} + C \quad (\mu \neq -1)$

(3) $\displaystyle\int \frac{x}{ax + b}\mathrm{d}x = \frac{1}{a^2}(ax + b - b\ln|ax + b|) + C$

(4) $\displaystyle\int \frac{x^2}{ax + b}\mathrm{d}x = \frac{1}{a^3}\left[\frac{1}{2}(ax + b)^2 - 2b(ax + b) + b^2\ln|ax + b|\right] + C$

(5) $\displaystyle\int \frac{\mathrm{d}x}{x(ax + b)} = -\frac{1}{b}\ln\left|\frac{ax + b}{x}\right| + C$

(6) $\displaystyle\int \frac{\mathrm{d}x}{x^2(ax + b)} = -\frac{1}{bx} + \frac{a}{b^2}\ln\left|\frac{ax + b}{x}\right| + C$

(7) $\displaystyle\int \frac{x}{(ax + b)^2}\mathrm{d}x = \frac{1}{a^2}\left(\ln|ax + b| + \frac{b}{ax + b}\right) + C$

(8) $\displaystyle\int \frac{x^2}{(ax + b)^2}\mathrm{d}x = \frac{1}{a^3}\left(ax + b - 2b\ln|ax + b| - \frac{b^2}{ax + b}\right) + C$

(9) $\displaystyle\int \frac{\mathrm{d}x}{x(ax + b)^2} = \frac{1}{b(ax + b)} - \frac{1}{b^2}\ln\left|\frac{ax + b}{x}\right| + C$

2）含有 $\sqrt{ax + b}$ 的积分

(10) $\displaystyle\int \sqrt{ax + b}\,\mathrm{d}x = \frac{2}{3a}\sqrt{(ax + b)^3} + C$

(11) $\displaystyle\int x\sqrt{ax + b}\,\mathrm{d}x = \frac{2}{15a^2}(3ax - 2b)\sqrt{(ax + b)^3} + C$

(12) $\displaystyle\int x^2\sqrt{ax + b}\,\mathrm{d}x = \frac{2}{105a^3}(15a^2x^2 - 12abx + 8b^2)\sqrt{(ax + b)^3} + C$

(13) $\displaystyle\int \frac{x}{\sqrt{ax + b}}\mathrm{d}x = \frac{2}{3a^2}(ax - 2b)\sqrt{ax + b} + C$

(14) $\displaystyle\int \frac{x^2}{\sqrt{ax + b}}\mathrm{d}x = \frac{2}{15a^3}(3a^2x^2 - 4abx + 8b^2)\sqrt{ax + b} + C$

$(15)\ \displaystyle\int \frac{\mathrm{d}x}{x\sqrt{ax+b}} = \begin{cases} \dfrac{1}{\sqrt{b}}\ln\left|\dfrac{\sqrt{ax+b}-\sqrt{b}}{\sqrt{ax+b}+\sqrt{b}}\right| + C & (b>0) \\[3mm] \dfrac{2}{\sqrt{-b}}\arctan\sqrt{\dfrac{ax+b}{-b}} + C & (b<0) \end{cases}$

$(16)\ \displaystyle\int \frac{\mathrm{d}x}{x^2\sqrt{ax+b}} = -\frac{\sqrt{ax+b}}{bx} - \frac{a}{2b}\int \frac{\mathrm{d}x}{x\sqrt{ax+b}}$

$(17)\ \displaystyle\int \frac{\sqrt{ax+b}}{x}\mathrm{d}x = 2\sqrt{ax+b} + b\int \frac{\mathrm{d}x}{x\sqrt{ax+b}}$

$(18)\ \displaystyle\int \frac{\sqrt{ax+b}}{x^2}\mathrm{d}x = -\frac{\sqrt{ax+b}}{x} + \frac{a}{2}\int \frac{\mathrm{d}x}{x\sqrt{ax+b}}$

3）含有 $x^2 \pm a^2$ 的积分

$(19)\ \displaystyle\int \frac{\mathrm{d}x}{x^2+a^2} = \frac{1}{a}\arctan\frac{x}{a} + C$

$(20)\ \displaystyle\int \frac{\mathrm{d}x}{(x^2+a^2)^n} = \frac{x}{2(n-1)a^2(x^2+a^2)^{n-1}} + \frac{2n-3}{2(n-1)a^2}\int \frac{\mathrm{d}x}{(x^2+a^2)^{n-1}}$

$(21)\ \displaystyle\int \frac{\mathrm{d}x}{x^2-a^2} = \frac{1}{2a}\ln\left|\frac{x-a}{x+a}\right| + C$

4）含有 $ax^2+b\,(a>0)$ 的积分

$(22)\ \displaystyle\int \frac{\mathrm{d}x}{ax^2+b} = \begin{cases} \dfrac{1}{\sqrt{ab}}\arctan\sqrt{\dfrac{a}{b}}\,x + C & (b>0) \\[3mm] \dfrac{1}{2\sqrt{-ab}}\ln\left|\dfrac{\sqrt{a}\,x-\sqrt{-b}}{\sqrt{a}\,x+\sqrt{-b}}\right| + C & (b<0) \end{cases}$

$(23)\ \displaystyle\int \frac{x}{ax^2+b}\mathrm{d}x = \frac{1}{2a}\ln|ax^2+b| + C$

$(24)\ \displaystyle\int \frac{x^2}{ax^2+b}\mathrm{d}x = \frac{x}{a} - \frac{b}{a}\int \frac{\mathrm{d}x}{ax^2+b}$

$(25)\ \displaystyle\int \frac{\mathrm{d}x}{x(ax^2+b)} = \frac{1}{2b}\ln\frac{x^2}{|ax^2+b|} + C$

$(26)\ \displaystyle\int \frac{\mathrm{d}x}{x^2(ax^2+b)} = -\frac{1}{bx} - \frac{a}{b}\int \frac{\mathrm{d}x}{ax^2+b}$

$(27)\ \displaystyle\int \frac{\mathrm{d}x}{x^3(ax^2+b)} = \frac{a}{2b^2}\ln\frac{|ax^2+b|}{x^2} - \frac{1}{2bx^2} + C$

$(28)\ \displaystyle\int \frac{\mathrm{d}x}{(ax^2+b)^2} = \frac{x}{2b(ax^2+b)} + \frac{1}{2b}\int \frac{\mathrm{d}x}{ax^2+b}$

5）含有 $ax^2+bx+c(a>0)$ 的积分

（29）$\displaystyle\int \frac{\mathrm{d}x}{ax^2 + bx + c} = \begin{cases} \dfrac{2}{\sqrt{4ac - b^2}}\arctan\dfrac{2ax + b}{\sqrt{4ac - b^2}} + C \quad (b^2 < 4ac) \\[3mm] \dfrac{1}{\sqrt{b^2 - 4ac}}\ln\left|\dfrac{2ax + b - \sqrt{b^2 - 4ac}}{2ax + b + \sqrt{b^2 - 4ac}}\right| + C \quad (b^2 > 4ac) \end{cases}$

（30）$\displaystyle\int \frac{x}{ax^2 + bx + c}\mathrm{d}x = \frac{1}{2a}\ln|ax^2 + bx + c| - \frac{b}{2a}\int \frac{\mathrm{d}x}{ax^2 + bx + c}$

6）含有 $\sqrt{x^2+a^2}\,(a>0)$ 的积分

（31）$\displaystyle\int \frac{\mathrm{d}x}{\sqrt{x^2 + a^2}} = \ln(x + \sqrt{x^2 + a^2}) + C$

（32）$\displaystyle\int \frac{\mathrm{d}x}{\sqrt{(x^2 + a^2)^3}} = \frac{x}{a^2\sqrt{x^2 + a^2}} + C$

（33）$\displaystyle\int \frac{x}{\sqrt{x^2 + a^2}}\mathrm{d}x = \sqrt{x^2 + a^2} + C$

（34）$\displaystyle\int \frac{x}{\sqrt{(x^2 + a^2)^3}}\mathrm{d}x = -\frac{1}{\sqrt{x^2 + a^2}} + C$

（35）$\displaystyle\int \frac{x^2}{\sqrt{x^2 + a^2}}\mathrm{d}x = \frac{x}{2}\sqrt{x^2 + a^2} - \frac{a^2}{2}\ln(x + \sqrt{x^2 + a^2}) + C$

（36）$\displaystyle\int \frac{x^2}{\sqrt{(x^2 + a^2)^3}}\mathrm{d}x = -\frac{x}{\sqrt{x^2 + a^2}} + \ln(x + \sqrt{x^2 + a^2}) + C$

（37）$\displaystyle\int \frac{\mathrm{d}x}{x\sqrt{x^2 + a^2}} = \frac{1}{a}\ln\frac{\sqrt{x^2 + a^2} - a}{|x|} + C$

（38）$\displaystyle\int \frac{\mathrm{d}x}{x^2\sqrt{x^2 + a^2}} = -\frac{\sqrt{x^2 + a^2}}{a^2 x} + C$

（39）$\displaystyle\int \sqrt{x^2 + a^2}\,\mathrm{d}x = \frac{x}{2}\sqrt{x^2 + a^2} + \frac{a^2}{2}\ln(x + \sqrt{x^2 + a^2}) + C$

（40）$\displaystyle\int \sqrt{(x^2 + a^2)^3}\,\mathrm{d}x = \frac{x}{8}(2x^2 + 5a^2)\sqrt{x^2 + a^2} + \frac{3}{8}a^4\ln(x + \sqrt{x^2 + a^2}) + C$

（41）$\displaystyle\int x\sqrt{x^2 + a^2}\,\mathrm{d}x = \frac{1}{3}\sqrt{(x^2 + a^2)^3} + C$

（42）$\displaystyle\int x^2\sqrt{x^2 + a^2}\,\mathrm{d}x = \frac{x}{8}(2x^2 + a^2)\sqrt{x^2 + a^2} - \frac{a^4}{8}\ln(x + \sqrt{x^2 + a^2}) + C$

（43）$\displaystyle\int \frac{\sqrt{x^2 + a^2}}{x}\mathrm{d}x = \sqrt{x^2 + a^2} + a\ln\frac{\sqrt{x^2 + a^2} - a}{|x|} + C$

（44）$\displaystyle\int \frac{\sqrt{x^2 + a^2}}{x^2}\mathrm{d}x = -\frac{\sqrt{x^2 + a^2}}{x} + \ln(x + \sqrt{x^2 + a^2}) + C$

7）含有 $\sqrt{x^2-a^2}$（$a>0$）的积分

(45) $\displaystyle\int \frac{\mathrm{d}x}{\sqrt{x^2-a^2}} = \frac{x}{|x|}\mathrm{arch}\frac{|x|}{a} + C_1 = \ln\left|x+\sqrt{x^2-a^2}\right| + C$

(46) $\displaystyle\int \frac{\mathrm{d}x}{\sqrt{(x^2-a^2)^3}} = -\frac{x}{a^2\sqrt{x^2-a^2}} + C$

(47) $\displaystyle\int \frac{x}{\sqrt{x^2-a^2}}\mathrm{d}x = \sqrt{x^2-a^2} + C$

(48) $\displaystyle\int \frac{x}{\sqrt{(x^2-a^2)^3}}\mathrm{d}x = -\frac{1}{\sqrt{x^2-a^2}} + C$

(49) $\displaystyle\int \frac{x^2}{\sqrt{x^2-a^2}}\mathrm{d}x = \frac{x}{2}\sqrt{x^2-a^2} + \frac{a^2}{2}\ln\left|x+\sqrt{x^2-a^2}\right| + C$

(50) $\displaystyle\int \frac{x^2}{\sqrt{(x^2-a^2)^3}}\mathrm{d}x = -\frac{x}{\sqrt{x^2-a^2}} + \ln\left|x+\sqrt{x^2-a^2}\right| + C$

(51) $\displaystyle\int \frac{\mathrm{d}x}{x\sqrt{x^2-a^2}} = \frac{1}{a}\arccos\frac{a}{|x|} + C$

(52) $\displaystyle\int \frac{\mathrm{d}x}{x^2\sqrt{x^2-a^2}} = \frac{\sqrt{x^2-a^2}}{a^2 x} + C$

(53) $\displaystyle\int \sqrt{x^2-a^2}\,\mathrm{d}x = \frac{x}{2}\sqrt{x^2-a^2} - \frac{a^2}{2}\ln\left|x+\sqrt{x^2-a^2}\right| + C$

(54) $\displaystyle\int \sqrt{(x^2-a^2)^3}\,\mathrm{d}x = \frac{x}{8}(2x^2-5a^2)\sqrt{x^2-a^2} + \frac{3}{8}a^4\ln\left|x+\sqrt{x^2-a^2}\right| + C$

(55) $\displaystyle\int x\sqrt{x^2-a^2}\,\mathrm{d}x = \frac{1}{3}\sqrt{(x^2-a^2)^3} + C$

(56) $\displaystyle\int x^2\sqrt{x^2-a^2}\,\mathrm{d}x = \frac{x}{8}(2x^2-a^2)\sqrt{x^2-a^2} - \frac{a^4}{8}\ln\left|x+\sqrt{x^2-a^2}\right| + C$

(57) $\displaystyle\int \frac{\sqrt{x^2-a^2}}{x}\mathrm{d}x = \sqrt{x^2-a^2} - a\arccos\frac{a}{|x|} + C$

(58) $\displaystyle\int \frac{\sqrt{x^2-a^2}}{x^2}\mathrm{d}x = -\frac{\sqrt{x^2-a^2}}{x} + \ln\left|x+\sqrt{x^2-a^2}\right| + C$

8）含有 $\sqrt{a^2-x^2}$（$a>0$）的积分

(59) $\displaystyle\int \frac{\mathrm{d}x}{\sqrt{a^2-x^2}} = \arcsin\frac{x}{a} + C$

(60) $\displaystyle\int \frac{\mathrm{d}x}{\sqrt{(a^2-x^2)^3}} = \frac{x}{a^2\sqrt{a^2-x^2}} + C$

(61) $\displaystyle\int \frac{x}{\sqrt{a^2-x^2}}\mathrm{d}x = -\sqrt{a^2-x^2} + C$

$$(62) \int \frac{x}{\sqrt{(a^2 - x^2)^3}} dx = \frac{1}{\sqrt{a^2 - x^2}} + C$$

$$(63) \int \frac{x^2}{\sqrt{a^2 - x^2}} dx = -\frac{x}{2}\sqrt{a^2 - x^2} + \frac{a^2}{2}\arcsin\frac{x}{a} + C$$

$$(64) \int \frac{x^2}{\sqrt{(a^2 - x^2)^3}} dx = \frac{x}{\sqrt{a^2 - x^2}} - \arcsin\frac{x}{a} + C$$

$$(65) \int \frac{dx}{x\sqrt{a^2 - x^2}} = \frac{1}{a}\ln\frac{a - \sqrt{a^2 - x^2}}{|x|} + C$$

$$(66) \int \frac{dx}{x^2\sqrt{a^2 - x^2}} = -\frac{\sqrt{a^2 - x^2}}{a^2 x} + C$$

$$(67) \int \sqrt{a^2 - x^2}\, dx = \frac{x}{2}\sqrt{a^2 - x^2} + \frac{a^2}{2}\arcsin\frac{x}{a} + C$$

$$(68) \int \sqrt{(a^2 - x^2)^3}\, dx = \frac{x}{8}(5a^2 - 2x^2)\sqrt{a^2 - x^2} + \frac{3}{8}a^4\arcsin\frac{x}{a} + C$$

$$(69) \int x\sqrt{a^2 - x^2}\, dx = -\frac{1}{3}\sqrt{(a^2 - x^2)^3} + C$$

$$(70) \int x^2\sqrt{a^2 - x^2}\, dx = \frac{x}{8}(2x^2 - a^2)\sqrt{a^2 - x^2} + \frac{a^4}{8}\arcsin\frac{x}{a} + C$$

$$(71) \int \frac{\sqrt{a^2 - x^2}}{x} dx = \sqrt{a^2 - x^2} + a\ln\frac{a - \sqrt{a^2 - x^2}}{|x|} + C$$

$$(72) \int \frac{\sqrt{a^2 - x^2}}{x^2} dx = -\frac{\sqrt{a^2 - x^2}}{x} - \arcsin\frac{x}{a} + C$$

9）含有 $\sqrt{\pm ax^2 + bx + c}\,(a>0)$ 的积分

$$(73) \int \frac{dx}{\sqrt{ax^2 + bx + c}} = \frac{1}{\sqrt{a}}\ln\left| 2ax + b + 2\sqrt{a}\sqrt{ax^2 + bx + c} \right| + C$$

$$(74) \int \sqrt{ax^2 + bx + c}\, dx = \frac{2ax + b}{4a}\sqrt{ax^2 + bx + c} + $$
$$\frac{4ac - b^2}{8\sqrt{a^3}}\ln\left| 2ax + b + 2\sqrt{a}\sqrt{ax^2 + bx + c} \right| + C$$

$$(75) \int \frac{x}{\sqrt{ax^2 + bx + c}} dx = \frac{1}{a}\sqrt{ax^2 + bx + c} - $$
$$\frac{b}{2\sqrt{a^3}}\ln\left| 2ax + b + 2\sqrt{a}\sqrt{ax^2 + bx + c} \right| + C$$

$$(76) \int \frac{dx}{\sqrt{c + bx - ax^2}} = -\frac{1}{\sqrt{a}}\arcsin\frac{2ax - b}{\sqrt{b^2 + 4ac}} + C$$

$$(77) \int \sqrt{c + bx - ax^2}\, dx = \frac{2ax - b}{4a}\sqrt{c + bx - ax^2} + \frac{b^2 + 4ac}{8\sqrt{a^3}}\arcsin\frac{2ax - b}{\sqrt{b^2 + 4ac}} + C$$

$$(78) \int \frac{x}{\sqrt{c+bx-ax^2}}dx = -\frac{1}{a}\sqrt{c+bx-ax^2} + \frac{b}{2\sqrt{a^3}}\arcsin\frac{2ax-b}{\sqrt{b^2+4ac}} + C$$

10) 含有 $\sqrt{\pm\frac{x-a}{x-b}}$ 或 $\sqrt{(x-a)(b-x)}$ 的积分

$$(79) \int \sqrt{\frac{x-a}{x-b}}dx = (x-b)\sqrt{\frac{x-a}{x-b}} + (b-a)\ln(\sqrt{|x-a|} + \sqrt{|x-b|}) + C$$

$$(80) \int \sqrt{\frac{x-a}{b-x}}dx = (x-b)\sqrt{\frac{x-a}{b-x}} + (b-a)\arcsin\sqrt{\frac{x-a}{b-x}} + C$$

$$(81) \int \frac{dx}{\sqrt{(x-a)(b-x)}} = 2\arcsin\sqrt{\frac{x-a}{b-x}} + C \quad (a<b)$$

$$(82) \int \sqrt{(x-a)(b-x)}\,dx =$$

$$\frac{2x-a-b}{4}\sqrt{(x-a)(b-x)} + \frac{(b-a)^2}{4}\arcsin\sqrt{\frac{x-a}{b-x}} + C \quad (a<b)$$

11) 含有三角函数的积分

$$(83) \int \sin x dx = -\cos x + C$$

$$(84) \int \cos x dx = \sin x + C$$

$$(85) \int \tan x dx = -\ln|\cos x| + C$$

$$(86) \int \cot x dx = \ln|\sin x| + C$$

$$(87) \int \sec x dx = \ln\left|\tan\left(\frac{\pi}{4}+\frac{x}{2}\right)\right| + C = \ln|\sec x + \tan x| + C$$

$$(88) \int \csc x dx = \ln\left|\tan\frac{x}{2}\right| + C = \ln|\csc x - \cot x| + C$$

$$(89) \int \sec^2 x dx = \tan x + C$$

$$(90) \int \csc^2 x dx = -\cot x + C$$

$$(91) \int \sec x \tan x dx = \sec x + C$$

$$(92) \int \csc x \cot x dx = -\csc x + C$$

$$(93) \int \sin^2 x dx = \frac{x}{2} - \frac{1}{4}\sin 2x + C$$

$$(94) \int \cos^2 x dx = \frac{x}{2} + \frac{1}{4}\sin 2x + C$$

$$(95) \int \sin^n x dx = -\frac{1}{n}\sin^{n-1}x\cos x + \frac{n-1}{n}\int \sin^{n-2}x dx$$

$(96)\ \int\cos^n x\mathrm{d}x = \dfrac{1}{n}\cos^{n-1}x\sin x + \dfrac{n-1}{n}\int\cos^{n-2}x\mathrm{d}x$

$(97)\ \int\dfrac{\mathrm{d}x}{\sin^n x} = -\dfrac{1}{n-1}\cdot\dfrac{\cos x}{\sin^{n-1}x} + \dfrac{n-2}{n-1}\int\dfrac{\mathrm{d}x}{\sin^{n-2}x}$

$(98)\ \int\dfrac{\mathrm{d}x}{\cos^n x} = \dfrac{1}{n-1}\cdot\dfrac{\sin x}{\cos^{n-1}x} + \dfrac{n-2}{n-1}\int\dfrac{\mathrm{d}x}{\cos^{n-2}x}$

$(99)\ \int\cos^m x\,\sin^n x\mathrm{d}x = \dfrac{1}{m+n}\cos^{m-1}x\,\sin^{n+1}x + \dfrac{m-1}{m+n}\int\cos^{m-2}x\,\sin^n x\mathrm{d}x$

$\qquad\qquad = -\dfrac{1}{m+n}\cos^{m+1}x\,\sin^{n-1}x + \dfrac{n-1}{m+n}\int\cos^m x\,\sin^{n-2}x\mathrm{d}x$

$(100)\ \int\sin ax\cos bx\mathrm{d}x = -\dfrac{1}{2(a+b)}\cos(a+b)x - \dfrac{1}{2(a-b)}\cos(a-b)x + C$

$(101)\ \int\sin ax\sin bx\mathrm{d}x = -\dfrac{1}{2(a+b)}\sin(a+b)x + \dfrac{1}{2(a-b)}\sin(a-b)x + C$

$(102)\ \int\cos ax\cos bx\mathrm{d}x = \dfrac{1}{2(a+b)}\sin(a+b)x + \dfrac{1}{2(a-b)}\sin(a-b)x + C$

$(103)\ \int\dfrac{\mathrm{d}x}{a+b\sin x} = \dfrac{2}{\sqrt{a^2-b^2}}\arctan\dfrac{a\tan\dfrac{x}{2}+b}{\sqrt{a^2-b^2}} + C \quad (a^2>b^2)$

$(104)\ \int\dfrac{\mathrm{d}x}{a+b\sin x} = \dfrac{1}{\sqrt{b^2-a^2}}\ln\left|\dfrac{a\tan\dfrac{x}{2}+b-\sqrt{b^2-a^2}}{a\tan\dfrac{x}{2}+b+\sqrt{b^2-a^2}}\right| + C \quad (a^2<b^2)$

$(105)\ \int\dfrac{\mathrm{d}x}{a+b\cos x} = \dfrac{2}{a+b}\sqrt{\dfrac{a+b}{a-b}}\arctan\left(\sqrt{\dfrac{a-b}{a+b}}\tan\dfrac{x}{2}\right) + C \quad (a^2>b^2)$

$(106)\ \int\dfrac{\mathrm{d}x}{a+b\cos x} = \dfrac{1}{a+b}\sqrt{\dfrac{a+b}{b-a}}\ln\left|\dfrac{\tan\dfrac{x}{2}+\sqrt{\dfrac{a+b}{b-a}}}{\tan\dfrac{x}{2}-\sqrt{\dfrac{a+b}{b-a}}}\right| + C \quad (a^2<b^2)$

$(107)\ \int\dfrac{\mathrm{d}x}{a^2\cos^2 x + b^2\sin^2 x} = \dfrac{1}{ab}\arctan\left(\dfrac{b}{a}\tan x\right) + C$

$(108)\ \int\dfrac{\mathrm{d}x}{a^2\cos^2 x - b^2\sin^2 x} = \dfrac{1}{2ab}\ln\left|\dfrac{b\tan x + a}{b\tan x - a}\right| + C$

$(109)\ \int x\sin ax\mathrm{d}x = \dfrac{1}{a^2}\sin ax - \dfrac{1}{a}x\cos ax + C$

$(110)\ \int x^2\sin ax\mathrm{d}x = -\dfrac{1}{a}x^2\cos ax + \dfrac{2}{a^2}x\sin ax + \dfrac{2}{a^3}\cos ax + C$

$(111)\ \int x\cos ax\mathrm{d}x = \dfrac{1}{a^2}\cos ax + \dfrac{1}{a}x\sin ax + C$

(112) $\int x^2 \cos ax \mathrm{d}x = \dfrac{1}{a}x^2 \sin ax + \dfrac{2}{a^2}x \cos ax - \dfrac{2}{a^3}\sin ax + C$

12）含有反三角函数的积分（其中 $a>0$）

(113) $\int \arcsin \dfrac{x}{a}\mathrm{d}x = x \arcsin \dfrac{x}{a} + \sqrt{a^2 - x^2} + C$

(114) $\int x \arcsin \dfrac{x}{a}\mathrm{d}x = \left(\dfrac{x^2}{2} - \dfrac{a^2}{4}\right)\arcsin \dfrac{x}{a} + \dfrac{x}{4}\sqrt{a^2 - x^2} + C$

(115) $\int x^2 \arcsin \dfrac{x}{a}\mathrm{d}x = \dfrac{x^3}{3}\arcsin \dfrac{x}{a} + \dfrac{1}{9}(x^2 + 2a^2)\sqrt{a^2 - x^2} + C$

(116) $\int \arccos \dfrac{x}{a}\mathrm{d}x = x \arccos \dfrac{x}{a} - \sqrt{a^2 - x^2} + C$

(117) $\int x \arccos \dfrac{x}{a}\mathrm{d}x = \left(\dfrac{x^2}{2} - \dfrac{a^2}{4}\right)\arccos \dfrac{x}{a} - \dfrac{x}{4}\sqrt{a^2 - x^2} + C$

(118) $\int x^2 \arccos \dfrac{x}{a}\mathrm{d}x = \dfrac{x^3}{3}\arccos \dfrac{x}{a} - \dfrac{1}{9}(x^2 + 2a^2)\sqrt{a^2 - x^2} + C$

(119) $\int \arctan \dfrac{x}{a}\mathrm{d}x = x \arctan \dfrac{x}{a} - \dfrac{a}{2}\ln(a^2 + x^2) + C$

(120) $\int x \arctan \dfrac{x}{a}\mathrm{d}x = \dfrac{1}{2}(a^2 + x^2)\arctan \dfrac{x}{a} - \dfrac{a}{2}x + C$

(121) $\int x^2 \arctan \dfrac{x}{a}\mathrm{d}x = \dfrac{x^3}{3}\arctan \dfrac{x}{a} - \dfrac{a}{6}x^2 + \dfrac{a^3}{6}\ln(a^2 + x^2) + C$

13）含有指数函数的积分

(122) $\int a^x \mathrm{d}x = \dfrac{1}{\ln a}a^x + C$

(123) $\int \mathrm{e}^{ax}\mathrm{d}x = \dfrac{1}{a}\mathrm{e}^{ax} + C$

(124) $\int x\mathrm{e}^{ax}\mathrm{d}x = \dfrac{1}{a^2}(ax - 1)\mathrm{e}^{ax} + C$

(125) $\int x^n \mathrm{e}^{ax}\mathrm{d}x = \dfrac{1}{a}x^n \mathrm{e}^{ax} - \dfrac{n}{a}\int x^{n-1}\mathrm{e}^{ax}\mathrm{d}x$

(126) $\int x a^x \mathrm{d}x = \dfrac{x}{\ln a}a^x - \dfrac{1}{(\ln a)^2}a^x + C$

(127) $\int x^n a^x \mathrm{d}x = \dfrac{1}{\ln a}x^n a^x - \dfrac{n}{\ln a}\int x^{n-1}a^x \mathrm{d}x$

(128) $\int \mathrm{e}^{ax}\sin bx \mathrm{d}x = \dfrac{1}{a^2 + b^2}\mathrm{e}^{ax}(a \sin bx - b \cos bx) + C$

(129) $\int \mathrm{e}^{ax}\cos bx \mathrm{d}x = \dfrac{1}{a^2 + b^2}\mathrm{e}^{ax}(b \sin bx + a \cos bx) + C$

(130) $\int \mathrm{e}^{ax}\sin^n bx \mathrm{d}x = \dfrac{1}{a^2 + b^2 n^2}\mathrm{e}^{ax}\sin^{n-1}bx(a \sin bx - nb \cos bx) +$

$$\frac{n(n-1)b^2}{a^2+b^2n^2}\int e^{ax}\sin^{n-2}bx dx$$

(131) $\int e^{ax}\cos^n bx dx=\dfrac{1}{a^2+b^2n^2}e^{ax}\cos^{n-1}bx(a\cos bx+nb\sin bx)+$

$$\frac{n(n-1)b^2}{a^2+b^2n^2}\int e^{ax}\cos^{n-2}bx dx$$

14）含有对数函数的积分

(132) $\displaystyle\int\ln x dx=x\ln x-x+C$

(133) $\displaystyle\int\frac{dx}{x\ln x}=\ln|\ln x|+C$

(134) $\displaystyle\int x^n\ln x dx=\frac{1}{n+1}x^{n+1}\left(\ln x-\frac{1}{n+1}\right)+C$

(135) $\displaystyle\int(\ln x)^n dx=x(\ln x)^n-n\int(\ln x)^{n-1}dx$

(136) $\displaystyle\int x^m(\ln x)^n dx=\frac{1}{m+1}x^{m+1}(\ln x)^n-\frac{n}{m+1}\int x^m(\ln x)^{n-1}dx$

15）含有双曲函数的积分

(137) $\displaystyle\int \operatorname{sh} x dx=\operatorname{ch} x+C$

(138) $\displaystyle\int \operatorname{ch} x dx=\operatorname{sh} x+C$

(139) $\displaystyle\int \operatorname{th} x dx=\ln\operatorname{ch} x+C$

(140) $\displaystyle\int \operatorname{sh}^2 x dx=-\frac{x}{2}+\frac{1}{4}\operatorname{sh} 2x+C$

(141) $\displaystyle\int \operatorname{ch}^2 x dx=\frac{x}{2}+\frac{1}{4}\operatorname{sh} 2x+C$

16）定积分

(142) $\displaystyle\int_{-\pi}^{\pi}\cos nx dx=\int_{-\pi}^{\pi}\sin nx dx=0$

(143) $\displaystyle\int_{-\pi}^{\pi}\cos mx\sin nx dx=0$

(144) $\displaystyle\int_{-\pi}^{\pi}\cos mx\cos nx dx=\begin{cases}0 & m\neq n\\\pi & m=n\end{cases}$

(145) $\displaystyle\int_{-\pi}^{\pi}\sin mx\sin nx dx=\begin{cases}0 & m\neq n\\\pi & m=n\end{cases}$

(146) $\displaystyle\int_{0}^{\pi}\sin mx\sin nx dx=\int_{0}^{\pi}\cos mx\cos nx dx=\begin{cases}0 & m\neq n\\\dfrac{\pi}{2} & m=n\end{cases}$

$（147）I_n = \int_0^{\frac{\pi}{2}} \sin^n x \mathrm{d}x = \int_0^{\frac{\pi}{2}} \cos^n x \mathrm{d}x$

$I_n = \dfrac{n-1}{n} I_{n-2}$

$I_n = \dfrac{n-1}{n} \cdot \dfrac{n-3}{n-2} \cdot \cdots \cdot \dfrac{4}{5} \cdot \dfrac{2}{3}$ （n 为大于 1 的正奇数），$I_1 = 1$

$I_n = \dfrac{n-1}{n} \cdot \dfrac{n-3}{n-2} \cdot \cdots \cdot \dfrac{3}{4} \cdot \dfrac{1}{2} \cdot \dfrac{\pi}{2}$ （n 为正偶数），$I_0 = \dfrac{\pi}{2}$

参考答案

参考文献

［1］余英,李坤琼.应用高等数学(工科类·上册)[M].3 版.重庆:重庆大学出版社,2015.

［2］同济大学数学教研室.高等数学[M].北京:高等教育出版社,2003.

［3］余英,李开慧.应用高等数学基础[M].重庆:重庆大学出版社,2005.

［4］李先明.高等数学(理工类)[M].重庆:重庆出版社,2007.

［5］胡先富,彭光辉.应用高等数学(文经管类)[M].重庆:重庆大学出版社,2012.

［6］代子玉,王平.大学数学[M].北京:北京交通大学出版社,2010.